Unser Hund

Thomas Brodmann

Unser **Hund**
fit und gesund

Alles über Ernährung und Gesundheit

Inhaltsverzeichnis

68
Die richtigen Werkzeuge für sorgfältige Fellpflege

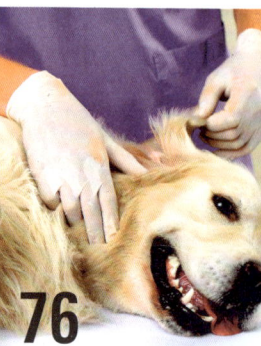

76
Krankheiten frühzeitig erkennen und richtig behandeln

147
Die Hundesteuer in der Übersicht

53

So sorgen Sie
beim Gassigehen
für Abwechslung

97

Alles zum Thema
Fortpflanzung

41

Trocken- oder
Feuchtfutter: Wo
liegen die Vor-
und Nachteile?

Was wollen Sie wissen?

Viele sehen ihren Hund als echtes Familienmitglied und möchten für ihn nur das Beste. Voraussetzungen dafür sind nicht nur eine sinnvolle Gesundheitsvorsorge, sondern auch eine artgerechte Ernährung und Pflege. Wir haben mit Experten aus den verschiedensten Bereichen gesprochen, um all Ihre Fragen zu beantworten.

Es gibt so viele Möglichkeiten, einen Hund zu füttern. Wie mache ich es richtig?

Bei keinem anderen Säugetier gibt es eine so große Vielfalt wie bei Hunden: Vom winzigen Chihuahua bis zur ausgewachsenen Dogge gilt es, die unterschiedlichsten individuellen Anforderungen an eine gesunde Hundeernährung zu erfüllen. Ob Sie dabei auf industriell erzeugtes Fertigfutter in Form von Nass- oder Trockenfutter setzen oder die Mahlzeiten lieber selber kochen, ist grundsätzlich erst einmal egal: Beide Fütterungsmethoden können für Ihren Hund eine artgerechte Ernährung darstellen.

Allerdings steckt nicht in jedem Futter das, was draufsteht. Und auch nicht jeder Barfer (siehe „Barfen & selber kochen", S. 35) weiß, wie er den Anforderungen seines Hundes gerecht wird. Um Sie bei der Ernährung – vom Welpen bis zum Oldie, vom kleinen bis zum großen und vom dünnen bis zum übergewichtigen Hund – zu unterstützen, widmen wir diesem Thema das Kapitel „Gesunde Ernährung ..." (siehe S. 11) inklusive einem Interview mit Ernährungsberaterin Dr. Petra Kölle (siehe S. 37).

Die richtige Dosis Gassi gehen: Wie viel Bewegung braucht mein Hund?

Lassen Sie die tägliche Gassirunde nicht zur puren Pflichterfüllung verkommen! Gönnen Sie sich und Ihrem Hund Abwechslung. Erkunden Sie öfter mal neue Wege und zögern Sie nicht, Ihren Hund zum Sport mitzunehmen. Ob Joggen, Fahrradfahren oder Wandern: Mit einem gut erzogenen Hund können Sie gemeinsam aktiv werden. Viele Möglichkeiten bieten auch Hundevereine. Im Kapitel „Beliebte Hundesportarten" ab Seite 56 stellen wir Ihnen beliebte Hundesportarten wie Agility, Dogdance und Obedience vor. Und damit auch die Schnüffelnasen nicht zu kurz kommen, gibt es Tipps, wie Sie Suchspiele am besten aufbauen und beim Apportieren von Anfang an alles richtig machen – nur zu leicht geht nämlich der gut gemeinte Wunsch, den Hund zu beschäftigen, nach hinten los und Sie haben sich einen Balljunkie herangezüchtet.

Fellpflege und regelmäßiges Krallenschneiden – reicht das schon aus? Oder gehört zu einer guten Hundepflege noch mehr?

Je nach Fellstruktur kann der Pflegeaufwand recht unterschiedlich sein. Langhaarige Hunde mit dichter Unterwolle können einen Hundebesitzer während des Fellwechsels im Frühjahr und Herbst schwer auf Trab halten. Kurz- und rauhaarige Hunde verursachen zwar weniger Aufwand, doch auch bei ihnen darf die Pflege nicht vernachlässigt werden. Denn sie betrifft nicht nur das Fell, sondern beinhaltet auch einen regelmäßigen Check von Augen, Ohren, Zähnen und Pfoten. Das ist ein wichtiger Baustein zur Gesunderhaltung Ihres Hundes, denn durch aufmerksames Beobachten können viele Krankheiten frühzeitig erkannt werden. Im Kapitel „Die Pflege des Hundes" ab Seite 65 finden Sie alles, was Sie zur Fell- und allgemeinen Körperpflege Ihres Hundes wissen müssen.

Ich möchte meinen Hund nicht öfter impfen lassen als zwingend nötig – aber welche Impfungen sind notwendig und welche verzichtbar?

Impfungen ja, aber immer nur die individuell notwendigen. Schließlich besteht stets die Gefahr von Nebenwirkungen. Der Bundesverband Praktizierender Tierärzte hat deshalb eine Leitlinie als Hilfestellung für alle Tierärzte veröffentlicht. Es wird unterschieden zwischen Impfschutz, den ein Hund zu jeder Zeit seines Lebens haben sollte, und Impfungen, die nur unter bestimmten Voraussetzungen (z. B. vor einem Auslandsaufenthalt) angeraten werden. Auch bezüglich der Auffrischung von Impfungen hat sich in den letzten Jahren einiges verändert. Auf Seite 81 im Kapitel „Impfempfehlungen für Hunde" erfahren Sie alles Weitere, auf Seite 84 erklärt Prof. Dr. Katrin Hartmann die Risiken des Impfens.

Jedes Jahr die große Frage: Was machen wir mit dem Hund, wenn es in den Urlaub geht?

Ob mit dem Auto, der Bahn oder dem Flugzeug – im Kapitel „Unterwegs mit Hund" ab Seite 117 erfahren Sie, auf was es bei der Fahrt in den Urlaub alles zu achten gilt. Damit es keine unerwarteten Zwischenfälle gibt, ist vor allem eine frühzeitige Planung angebracht. Denn je nach Reiseland können die unterschiedlichsten Anforderungen hinsichtlich Impfvorschriften oder anderer gesetzlicher Vorgaben auf Sie zukommen. Die Checkliste auf Seite 129 hilft Ihnen dabei, nicht erst am Urlaubsort zu bemerken, was in der Reisetasche Ihres Hundes alles fehlt. Auch die Daheimgebliebenen werden nicht vergessen: Unter „Wenn der Hund zu Hause bleibt" ab Seite 131 geht es darum, wie der Hund am besten zu Hause untergebracht werden kann: Von Freunden und Bekannten über Hundesitter bis zur Hundepension gibt es viele Möglichkeiten.

Was hat es mit der „Hunde-haftpflicht" auf sich – muss ich meinen Hund tatsächlich versichern?

Haben Sie den Entschluss gefasst, einen Hund zu kaufen, sollten Sie sich die Tipps zu Kaufvertrag und Mietrecht ab Seite 137 durchlesen. Sobald der Hund dann da ist, sollten Sie sich mit dem Thema Hundehaftpflicht auseinandersetzen. Möglicherweise leben Sie in einem Bundesland, in dem diese Versicherung vorgeschrieben ist. Aber selbst wenn nicht:

Sinnvoll ist sie eigentlich immer, wenn Sie nicht für Schäden haftbar gemacht werden möchten, die Ihr Hund verursacht hat. Unsere Checkliste auf Seite 143 zeigt Ihnen, worauf Sie bei der Auswahl einer Hundehaftpflicht achten müssen. Die Frage nach einer Krankenversicherung für den Hund beantworten wir auf Seite 142.

Mein Hund verhält sich plötzlich anders – ich glaube, er ist krank. Was kann ich tun?

Niemand kennt Ihren Hund so gut wie Sie! Verhält er sich auf einmal anders als gewohnt, sollten Sie darüber nicht hinwegsehen, sondern die Veränderung genau beobachten und im Zweifelsfall einen Tierarzt aufsuchen. Die häufigsten Krankheitssymptome finden Sie unter „Krankheitssymptome erkennen" ab Seite 93. Im Interview auf Seite 105 erklärt Tierheilpraktikerin Yvonne Misof, welche Beschwerden unter Umständen auch

mithilfe ergänzender Naturheilpraktiken behandelt werden können. Die wichtigsten Erste-Hilfe-Tipps für den Notfall von Notfallmediziner Dr. René Dörfel finden Sie ab Seite 107 – dort geht es unter anderem um Allergien, Bisswunden, Knochenbrüche und Vergiftungen. Im Interview auf Seite 102 erläutert Fachtierärztin Dr. Beate Walter zudem die Vor- und Nachteile von Kastration und Sterilisation.

Gesunde Ernährung für den Hund

Fertigfutter, selber kochen, barfen? Jeder Hundebesitzer stellt sich die Frage, was das Beste für seinen Hund ist. Viele Faktoren spielen hierbei eine Rolle – und sie betreffen nicht nur den Hund, sondern auch den Halter.

Geht es um die Ernährung des Hundes, werden häufig Vergleiche mit Wölfen herangezogen. Schließlich stammen unsere Hunde vom Wolf ab. Was läge da also näher als eine ähnliche, ursprüngliche Ernährung mit viel frischem Fleisch statt Futter aus der Dose? Diese Ernährungsmethode, der heutzutage viele Hundehalter anhängen, ist bekannt als Barfen. Doch die Risiken, die mit der Rohfütterung verbunden sind, werden oft nicht gesehen. Und: Auch wenn Fleisch der Hauptbestandteil wölfischer Nahrung ist, ist es damit für Hunde bei weitem nicht getan! Der Wolf ist ein Fleischfresser, treffender wäre aber die Bezeichnung „Beutefresser". Denn von Bestandteilen wie Fell, stark mineralisierten Knochen und dem Mageninhalt abgesehen, bleibt von einem Beutetier meist nicht viel übrig, wenn ein Wolf sich darüber hergemacht hat. Handelt es sich um ein kleines Tier, wird sogar gleich alles verschlungen.

Um sich mit allen wichtigen Nährstoffen zu versorgen – im Muskelfleisch allein sind diese nicht vorhanden – spielen Innereien, Knochen, der Darminhalt und der gelegentliche Verzehr von Beeren, Gräsern und Wurzeln eine wichtige Rolle bei der Ernährung

Auf Beutezug
Wölfe müssen täglich große Strecken zurücklegen, um Nahrung zu erbeuten.

des Wolfes. Nur durch die Zusammensetzung der verschiedenen Nahrungsbestandteile kann er seinen Nährstoffbedarf decken und Mangelerscheinungen vorbeugen.

Aber wie sinnvoll ist der Vergleich von Hund und Wolf überhaupt? Erreichen Wölfe ein besonders hohes Alter? Führen sie überhaupt ein Leben, das mit dem unserer Hunde vergleichbar ist? Fressen sie ähnliche Mengen? All diese Fragen lassen sich mit Nein beantworten!

Der Vergleich zum Wolf hinkt

Das Durchschnittsalter von Wölfen in freier Wildbahn wird meist mit zirka 5 bis 6 Jahren angegeben. Viele Wölfe erreichen, etwa aufgrund von Krankheiten, allerdings nicht einmal das zweite Lebensjahr – inwiefern das mit der Ernährung zusammenhängt, ist zwar nicht klar, doch das Ziel eines Wolfes ist es ja nicht, mithilfe gesunder Ernährung so alt wie möglich zu werden, sondern einzig und allein, den Fortbestand der Art zu garantieren. Dazu muss er sich nur mindestens einmal im Leben fortpflanzen, und schon ist seine „Lebensaufgabe" erfüllt.

Nicht nur hinsichtlich der Lebenserwartung ist der Vergleich mit dem Wolf aus Sicht des Hundehalters nur wenig wünschenswert. Hätten Sie statt eines Hundes einen Wolf an Ihrer Seite, müssten Sie täglich bis zu 100 Kilometer Gassi gehen. Und beim Futter ist alleine die Menge von drei bis fünf Kilogramm pro Tag eine ganz andere Geschichte als bei Ihrem Hund. Das Leben unserer Hunde sieht im Vergleich völlig anders aus: Bei Couchpotatoes kann man sogar froh sein, wenn sie zwei, drei Kilometer pro Tag zurücklegen. Dementsprechend niedrig ist auch der Energiebedarf. Wird mehr Energie zugeführt als benötigt, sollte das Resultat niemanden überraschen: Der Hund setzt Fett an und leidet zusehends an Übergewicht – so geht es hierzulande über 40 Prozent der Hunde (siehe Übergewicht, S. 25).

Auch beim heiß diskutierten Thema Kohlenhydrate im Futter muss der Wolf immer wieder als Vergleich herhalten: Er nimmt so gut wie keine Kohlenhydrate zu sich. Sind Kohlenhydrate deshalb für Hunde wirklich so ungesund, wie immer wieder behauptet wird? Ernährungsberaterin Dr. Petra Kölle hält diese Meinung eher für eine Modeerscheinung: „Hunde vertragen Getreide und Getreideprodukte im Allgemeinen sehr gut. Die Befürchtungen diesbezüglich sind meist völlig unbegründet."

Die Fressgewohnheiten haben sich der Futterauswahl angepasst

Vergessen wird beim Vergleich mit dem Wolf gerne, dass der Hund sich hinsichtlich seiner Fressgewohnheiten über Jahrtausende hinweg an die ihm vom Menschen gebotene Futterauswahl angepasst hat. Er wurde mit der Zeit immer mehr zum Allesfresser, denn seine Nahrung bestand meist aus dem, was in den Familien übrig blieb, also neben Schlachtabfällen auch altes Brot, Reis und Gemüse.

Für diese Anpassung gibt es sogar wissenschaftliche Belege: Schwedische Forscher fanden im Rahmen einer Untersuchung im Jahr 2013 heraus, dass Hunde Getreidestärke wesentlich besser verstoffwechseln können als Wölfe! Es ist also sinnvoll, sich hinsichtlich der Hundeernährung weniger auf den Wolf als vielmehr auf die Bedürfnisse unserer heutigen Haushunde zu konzentrieren.

HÄTTEN SIE'S GEWUSST?

In Deutschland leben **zirka 8 Millionen Hunde** – Tendenz steigend.

Rassehunde machen dabei zirka 60 Prozent der Hundebevölkerung aus, der Rest sind Mischlinge.

Gemessen an der Zahl der jährlich geborenen Welpen ist der Schäferhund die beliebteste Rasse.

Die Preise für einen Welpen schwanken von wenigen hundert bis zu 2 500 Euro.

Die jährlichen Haltungskosten (Futter, Tierarzt etc.) für einen Hund betragen durchschnittlich 800 Euro.

Quellen: Industrieverband Heimtierbedarf, Verband für das Deutsche Hundewesen, Tasso e. V.

Grundlagen der Hundeernährung

Erwachsene Hunde können nahezu nur ein Kilogramm wiegen oder bis zu 100 Kilogramm Lebendgewicht auf die Waage bringen. Dementsprechend variabel ist auch ihre Ernährung.

Leider gibt es keine allgemeingültige Fütterungsmethode, mit der man alle Hunde – vom kleinen bis zum großen, vom jungen bis zum alten, von der Couchpotato bis zur Sportskanone – satt, glücklich und gesund machen kann. Also gilt es, für jeden Hund die individuell beste Fütterung zu ermitteln.

Ernährungswissenschaftler sprechen vom „Erhaltungsbedarf". Er setzt sich zusammen aus dem Bedarf, den ein Hund grundsätzlich im Ruhezustand hat, plus dem Energiebedarf für Muskeltätigkeit, Verdauung und Wärmeproduktion. Berechnungsgrundlagen sind unter anderem das Alter, das Gewicht und die Größe. Kleine Hunde haben verglichen mit ihren großen Kollegen einen deutlich größeren Kalorienverbrauch (siehe „Auf die Größe kommt es an", S. 17).

Aber auch bei gleich großen Hunden kann bezüglich des „Erhaltungsbedarfs" nicht einfach pauschalisiert werden: Die relativ aktiven Doggen haben im Durchschnitt einen beinahe doppelt so hohen Energieverbrauch wie die trägen Neufund-

länder! Die Aktivität des Hundes hat also einen entscheidenden Einfluss auf die Menge an Futter (= Energie), die er benötigt.

Die Fütterung – das Highlight des Tages

Die Fütterung ist für viele Hunde das Highlight des Tages. Aber wie oft, wann und wo sollte gefüttert werden? Die Mehrzahl der Hundebesitzer füttert erwachsene Tiere zweimal am Tag, meist ein etwas kleineres „Frühstück" und am späten Nachmittag oder frühen Abend die Hauptmahlzeit. Während bei Welpen noch drei bis fünf Portionen auf dem täglichen Speiseplan stehen (siehe Kasten „Faustregeln…", rechts) und die Fütterungszeiten dabei recht exakt eingehalten werden sollten, muss man bei erwachsenen Hunden nicht zu pingelig sein.

Wundern Sie sich aber nicht, wenn Ihr Hund zu gegebener Zeit wie auf Kommando parat steht. Die innere Uhr der Hunde funktioniert bei Essenszeiten hervorragend. Wenn das Futter „zu spät" kommt, können die Reaktionen ganz unterschiedlich ausfallen: Manche Hunde schauen einfach nur erwartungsvoll, andere beginnen, lautstark zu bellen. Damit dies nicht zur unschönen Gewohnheit wird, sollten Sie sich nicht nötigen lassen und die Beschwerden so gut es geht ignorieren. Sobald sich der Hund dann wieder beruhigt hat, stellen Sie ihm den Napf hin.

Entscheidend für die Fütterungszeiten ist unter anderem Ihr Tagesablauf, denn nach dem Füttern sollte für ein bis zwei Stunden kein Spielen, Toben oder langes Spazierengehen auf dem Programm stehen. Das gilt besonders für sehr große Hunde aufgrund der Gefahr einer Magendrehung (siehe „Gefahr: Magendrehung", S. 19). Um dieser vorzubeugen, sollte das Futter außerdem nicht in Höchstgeschwindigkeit heruntergeschlungen werden. Ist dem so, fragen Sie sich, ob der Hund vielleicht minderwertiges Futter erhält, das ihn nicht satt werden lässt. Ursache kann auch ein Parasitenbefall sein. Ist beides auszuschließen, können Sie zu einem „Schlingfresser-Napf" greifen, der die Futteraufnahme erschwert. Oder aber Sie verteilen die tägliche Futtermenge auf mehrere Rationen.

Vielleicht gehört Ihr Hund aber auch eher zu den gemütlichen Fressern. In diesem Fall sollte das Futter nicht stundenlang im Napf zur Verfügung stehen. Eine gute Faustregel: Was nach 20 Minuten nicht verputzt ist, wird wieder abgeräumt.

Lässt der Hund sich mit dem Fressen viel Zeit, kann das mehrere Ursachen haben, zum Beispiel einen ungeeigneten Ort für den Fressnapf. Bei Durchgangsverkehr im Flur oder Hektik in der Küche mag mancher Hund einfach ungern fressen. Stellen Sie den Napf an einen möglichst ungestörten Ort.

Faustregeln für Alphatiere

Wie viele Portionen pro Tag?

Die Frage, wie oft ein Hund pro Tag gefüttert werden sollte, führt immer wieder zu Diskussionen. Einig ist man sich, dass Welpen zirka drei bis fünf Mahlzeiten pro Tag benötigen. Mit der Zeit kann dies langsam auf zwei Mahlzeiten pro Tag reduziert werden, allerdings gibt es einige Ausnahmen: Dazu zählen extrem kleine Hunde, deren Magen nicht so viel auf einmal aufnehmen kann. Sehr großen Rassen sollten ebenfalls besser dreimal am Tag eine Portion erhalten, denn wenn sie zu viel auf einmal fressen, besteht die Gefahr einer Magendrehung (siehe „Gefahr: Magendrehung", S. 19). Grundsätzlich zu empfehlen ist eine mehrmalige Fütterung auch für alle ältere Hunde, weil deren Verdauung mit der Zeit immer träger wird.

Fressenszeit
Manche Hunde-
halter meinen es
mit der Portions-
größe etwas zu
gut.

Eine andere Ursache kann die Servier-temperatur sein. Setzen Sie Ihrem Hund kein Nassfutter vor, das ganz frisch aus dem Kühlschrank kommt. Durchfall und Magen-schmerzen können die Folge sein. Lassen Sie das Futter vor dem Servieren etwa eine Stunde bei Zimmertemperatur stehen oder wärmen Sie es kurz in der Mikrowelle auf – achten Sie dabei unbedingt darauf, dass das Futter nicht zu heiß wird..

Hat Ihr Hund bisher immer gut gefres-sen und tut dies plötzlich nicht mehr, kann dies ein Warnzeichen sein: Prüfen Sie, ob Ihr Hund Verletzungen an Zahnfleisch oder Gaumen hat. Schnell nachlassender Appetit ist auch ein Symptom für zahlreiche Erkran-kungen. Lassen Sie das bei Bedarf vom Tier-arzt abklären.

Auch bei der Frage nach bestimmten Füt-terungsregeln scheiden sich die Geister: Darf der Hund Speisereste erhalten oder nicht? Benötigt er möglichst viel Abwechs-lung auf dem Speiseplan? Privatdozentin Dr. Petra Kölle hat auf beide Fragen eine ein-deutige Antwort: Beim Thema „Essensreste" sieht sie – von stark gewürzter Nahrung, et-wa sehr Scharfes, abgesehen – wenig Gefahr, schließlich wurden Hunde über Jahrhun-derte mit Speiseresten gefüttert. Ein Pro-blem kann allerdings dadurch entstehen, dass die Reste zusätzlich verfüttert, also nicht in den täglichen Energiebedarf mit eingerechnet werden. Das kann zu Überge-wicht führen. An sich könne ein Hund, so-fern alle notwendigen Nährstoffen enthal-ten sind, über Jahre hinweg immer das glei-che Futter bekommen. Abwechslung ist aus wissenschaftlicher Sicht nicht notwendig.

Manche Hundebesitzer sind der Mei-nung, der Hund dürfe nichts zu fressen be-kommen, bevor der Mensch etwas gegessen habe – denn dem Hund müsse auch in die-ser Situation vermittelt werden, wer in der Rangordnung höher steht. Da der Hund als Haustier allerdings nicht mit den Lebens-umständen in einem Wolfsrudel vertraut ist, in dem die Verteilung der Ressource Fut-ter für die Erhaltung der Rangordnung eine elementare Rolle spielt, müssen Sie sich hierüber keine Sorgen machen. Wichtiger in diesem Zusammenhang ist, dass Ihr Hund problemlos zulässt, dass Sie ihm sein Fressen gegebenenfalls wieder wegnehmen. Natürlich sollte dies nur im Notfall geschehen, aber der könnte zum Beispiel eintreten, wenn Ihr Hund beim Spazierengehen etwas auf dem Boden findet, das er fressen möchte – aber nicht fressen sollte. Zu seinem eigenen Schutz sollte er es auf Kommando wieder hergeben. Am besten bieten Sie ihm im Tausch ein Leckerli oder Spielzeug an. Dieses Verhalten sollte bereits beim Welpen regelmäßig trainiert werden.

Auf die Größe kommt es an

Bei der Ernährung spielt die Größe des Hundes eine entscheidende Rolle, denn Stoffwechsel und Verdauung arbeiten recht unterschiedlich und größenabhängig. Prinzipiell benötigen die Kleinen natürlich auch eine kleinere Menge Futter, prozentual gesehen stimmt dies jedoch nicht.

Kleine Hunde sind oft „wuseliger" als große und brauchen allein schon deshalb mehr Energie. Entscheidend ist auch, dass die Gesamtkörperfläche im Verhältnis zum Gewicht größer ist, weshalb kleine Hunde einen höheren Wärmeverlust als große Hunde ausgleichen müssen. Im Durchschnitt verbrauchen Minis (zum Beispiel Chihuahuas) 130 kcal pro Kilogramm Körpergewicht, um ihren Stoffwechsel in Gang zu halten, während XL-Hunde wie Doggen gerade einmal 50 kcal pro Kilogramm Körpergewicht verbrauchen. Trotz des erhöhten Energiebedarfs meinen viele Hundebesitzer es mit den Kleinen allerdings zu gut: Beden-

Checkliste

Worauf kommt es beim Füttern an?

☐ **Das Alter des Hundes:** Welpe, ausgewachsener Hund und Senior haben einen unterschiedlichen Bedarf an Nährstoffen. Durch die Verwendung eines entsprechendes Futters (z. B. Welpenfutter) bzw. dessen Zusammensetzung (beim Barfen) können Sie darauf Rücksicht nehmen.

☐ **Die Größe des Hundes:** Kleine Hunde benötigen prozentual gesehen eine größere Menge an Futter als große Hunde. Dies hängt unter anderem mit ihrem vergleichsweise hohen Wärmeverlust zusammen.

☐ **Die Aktivität des Hundes:** Der Energieverbrauch eines Hundes – und dementsprechend die benötigte Futtermenge – hängt maßgeblich mit seiner Aktivität zusammen. Ein sehr agiler Hund kann (bei gleichem Körpergewicht) das Doppelte an Energie benötigen wie ein träger.

Welpenernährung
Spezielles Welpenfutter berücksichtigt die Anforderungen junger Hunde.

ken Sie, dass beispielsweise ein getrocknetes Schweineohr kein Leckerli für zwischendurch sein sollte, da es alleine schon beinahe den Energiebedarf eines ganzen Tages deckt! Je kleiner ein Hund ist, umso größer ist die Gefahr, dass Leckerli-Rationen unterschätzt werden. Deshalb ist es hilfreich, das Gewicht des Hundes regelmäßig zu prüfen.

Für welches Futter Sie sich entscheiden, ist prinzipiell egal, bedenken Sie bei der Auswahl jedoch die Größe des Mauls: Ihr Hund sollte das Futter ohne Probleme fressen können, Trockenfutter sollte also eine passende Größe aufweisen, und Knochen kommen als Futter nur bedingt in Frage, denn kleinen Hunden fehlt oft die notwendige Kraft zum Zerbeißen. Außerdem ist bei Knochen generell Vorsicht geboten, denn kleine Hunde haben teilweise eine recht sensible Verdauung und leiden gern einmal unter Verstopfung. Pure Knochen sind schwer verdaulich – besser geeignet sind beispielsweise zerkleinerte Hühnerhälse.

Große Hunde haben auch einen großen Appetit, das weiß jeder, der etwa einen Bernhardiner zu Hause hat. Das stellt durchaus einen Kostenfaktor dar, der bei der Anschaffung eines Hundes eine Rolle spielen kann:

> 66 **Während bei einem kleinen Hund die monatlichen Kosten für Futter zwischen 10 und 30 Euro liegen, kommen bei einem großen ohne Weiteres 50 bis 90 Euro zusammen.**

Ob Trocken-, Nassfutter oder Barfen – alles ist möglich, es kommt lediglich darauf an, dass die Ernährung bedarfsgerecht ist. Problematisch ist bei großen Hunden die Ernährung im Welpenalter (siehe „Hundewelpen richtig ernähren", S. 19). Bei den großen, schweren Rassen stellt Übergewicht eine besondere Belastung für die Knochen und Gelenke dar. Umso wichtiger ist es, dass die Wahrscheinlichkeit für entzündliche Gelenkerkrankungen durch ein gesundes Normalgewicht gering gehalten wird.

Rassespezifisches Futter halten manche für Geldmacherei, und in vielen Fällen besteht dazu auch keine Notwendigkeit. Beim Dalmatiner allerdings ist rassespezifisches Futter wichtig, denn aufgrund eines Gendefekts fehlt dieser Hunderasse ein wichtiges Enzym, das für den Abbau von Harnsäurekristallen verantwortlich ist. Das kann im schlimmsten Fall zu Blasensteinen oder einem Verschluss der Harnröhre führen.

Auch die Verdauung kann zu einem Problem werden, denn große Hunde haben im Vergleich zu kleinen einen verhältnismäßig deutlich kleineren Verdauungstrakt. Das hat Einfluss auf dessen Effektivität: Ist das Futter nicht leicht verdaulich, können die darin enthaltenen Nährstoffe möglicherweise nicht im gewünschten Umfang in Energie umgesetzt werden.

Gefahr: Magendrehung

Die größte Gefahr für große Hunde ist allerdings eine Magendrehung. Hierbei dreht sich der Magen um die eigene Achse und schnürt dabei die Blutgefäße ab. Die genauen Ursachen sind nicht bekannt.

Symptome für eine Magendrehung sind ein aufgeblähter Bauch und unruhiges Verhalten. Bei Verdacht muss umgehend ein Tierarzt aufgesucht werden! Zur Vorbeugung einer Magendrehung sollte die tägliche Futterration auf mehrere Portionen (3–4) verteilt werden. Helfen kann ein sogenannter Anti-Schling-Napf, der durch seine unebene Bodenbeschaffenheit bzw. spezielle Ausstülpungen zu schnelles Fressen verhindert. Vergessen Sie nicht, den Fressnapf nach jeder Fütterung gründlich zu reinigen. Für große Hunde mit Rücken- oder Gelenkproblemen kann es helfen, wenn der Napf erhöht steht. Im Handel gibt es hierfür stufenlos verstellbare Doppelnapfständer.

Hundewelpen richtig ernähren

In der Welpenzeit wird der Grundstein für die Gesundheit des erwachsenen Hundes und seiner Lebenserwartung gelegt! Fütterungsfehler, die nun begangen werden, können den Hund sein Leben lang beeinträchtigen. Auf der sicheren Seite sind Sie in der Regel mit einem speziellen Welpenfutter (mit der Bezeichnung „Alleinfutter für Welpen"). Das ist keine Verkaufsmasche, sondern unbedingt anzuraten. Die Zusammensetzung weicht deutlich von der eines Futters für erwachsene Hunde ab. Wenn Sie das Futter für Ihren Welpen selbst kochen bzw. barfen möchten, sollten Sie auf jeden Fall mithilfe eines erfahrenen Tierarztes einen exakten Ernährungsplan erstellen – denn eine Unter- oder Überversorgung mit bestimmten Nährstoffen passiert schnell.

Rücksicht nehmen
Futter für Oldies sollte leicht verdaulich und fettreduziert sein.

Fatale Folgen kann eine nicht bedarfsgerechte Ernährung vor allem bei großen Rassen haben. Bedenken Sie: Ein Mensch benötigt etwa 18 Jahre, um sein „Endgewicht" zu erreichen. Eine Dogge bewältigt dies in nur einem Jahr! Damit der Muskel- und Knochenaufbau trotzdem Hand in Hand gehen, ist der Bedarf an Nährstoffen peinlich genau einzuhalten. So kann ein Zuviel oder Zuwenig an Kalzium und Phosphor beispielsweise zu schweren Skelettschäden führen.

Zu Beginn sollten Sie bei dem Futter bleiben, das der Welpe nach dem Absetzen der Muttermilch zur Verfügung gestellt bekommen hat. Denn er muss jetzt erst einmal den Ortswechsel und die Trennung von seiner Familie verkraften. Das ist alles recht stressig und kann leicht auf den Magen schlagen, der deshalb nicht auch noch mit einem Futterwechsel belastet werden sollte. Geben Sie ihm ein paar Tage Eingewöhnungszeit und beobachten Sie sein Fressverhalten. Wenn er gut frisst und Sie mit der Qualität des Futters zufrieden sind, gibt es keinen Grund zu wechseln. Ansonsten sollte eine Umstellung auf eine andere Futtermarke sehr behutsam durchgeführt werden: Mischen Sie täglich eine ein wenig größere Portion des neuen Futters unter – und vermindern Sie in gleicher Weise den Anteil des bisherigen Futters. Setzen Sie dieses Mischen so lange fort, bis Sie das bisherige Futter schließlich komplett durch das neue ersetzt haben.

Welpen sollten drei- bis viermal täglich gefüttert werden, denn ihr kleiner Magen kann immer nur eine bestimmte Menge aufnehmen. Frühestens im Alter von sechs bis acht Monaten können Sie auf eine zweimalige Fütterung umstellen. Um nicht die Übersicht zu verlieren, empfiehlt sich wöchentliches Wiegen! Bitten Sie den Züchter oder Ihren Tierarzt um eine Wachstumskurve für die entsprechende Hunderasse. Anhand dieser können Sie exakt sehen, welche Gewichtszunahme innerhalb welches Zeitraums normal ist. Sobald es Abweichungen gibt, müssen Sie eingreifen! Der häufigste Fehler bei der Welpenernährung ist ein Zuviel an Energie (etwa durch nicht in die Kalkulation mit einberechnete Leckerlis oder Kauartikel wie getrocknete Schweineohren).

Die Folge ist nicht etwa, dass der Welpe leicht übergewichtig wird, sondern dass er schneller wächst! Das kann zu einer Überlastung des noch unreifen Skeletts führen, was eine Fehlstellung der Knochen nach sich ziehen kann.

Senioren benötigen spezielles Futter

Nicht nur wir Menschen, auch unsere Hunde werden immer älter. Das liegt zum einen an den Fortschritten in der Tiermedizin und der Tatsache, dass Hundebesitzer bereit sind, mehr Geld für Behandlungen auszugeben. Zum anderen liegt es aber auch am wachsenden Verständnis der Bedürfnisse eines Hundes, vor allem, was seine Ernährung betrifft. Kontraproduktiv ist hierbei allerdings, dass viele Hundebesitzer großzügig über das Thema Übergewicht hinwegsehen. Es ist erwiesen, dass schlanke Hunde eine deutlich höhere Lebenserwartung haben! Langzeitstudien an Labradoren ergaben, dass der Unterschied 1,5 bis 2 Jahre betragen kann. Daher sollte – ganz egal, ob es sich um einen Welpen oder einen Hundesenior handelt – immer auf das Gewicht geachtet werden.

Ab wann ein Hund als Senior gilt, kann pauschal nicht beantwortet werden, da die Lebenserwartung kleiner Hunde ganz anders ist als jene großer Rassen. Interessant ist, dass kleine Rassen im Allgemeinen langlebiger sind als die großen. Doggen zählen mit sieben Jahren meist schon zu den Ol-

Faustregeln für Alphatiere

Essmanieren für Hunde: Können Sie den flehenden Augen Ihres Hundes nicht widerstehen und geben ihm hin und wieder einen kleinen Happen vom Tisch? Dann wird sein Betteln vermutlich bald zur Routine. Spätestens wenn Sie das nächste Mal Gäste haben oder in ein Restaurant gehen, wird diese Angewohnheit lästig. Geben Sie Ihrem Hund deshalb konsequent nie etwas vom Essen auf dem Tisch ab! Notfalls legen Sie das Häppchen in den Napf, statt es ihm direkt zu geben. Wenn Ihr Hund etwas vom Tisch stiehlt, gewöhnen Sie ihm dies ab! Hierzu können Sie einen Köder an der Tischkante platzieren, der entweder mit Zitronensaft getränkt ist oder an den zwei leere Blechdosen gebunden sind, die beim Herunterfallen einen Höllenlärm verursachen.

dies, während kleine Hunde wie etwa der Yorkshire Terrier Anzeichen dafür erst mit 14 Jahren zeigen können. Zu diesen Anzeichen können etwa ein erhöhtes Schlafbedürfnis, geringere Leistungsfähigkeit und zunehmendes Übergewicht zählen. Auch hier spielt das richtige Futter eine große Rolle, denn mit der richtigen Ernährung für Ihren Hund können Sie diesen Beschwerden entgegenwirken. Spezielles Seniorenfutter ist dann unbedingt anzuraten, denn es berücksichtigt die Veränderungen, die in höherem Alter im Hund stattfinden: Der Stoffwechsel reduziert sich, die Muskelmasse nimmt ab und manche Organe funktionieren nicht mehr ganz so gut. Das Futter sollte dementsprechend leicht verdaulich und fettreduziert sein.

→ Genug trinken

Achten Sie darauf, dass der Wassernapf Ihres Hundes nie leer ist. Das gilt besonders für ältere Hunde. Flüssigkeitsmangel kann zum Beispiel chronische Nierenerkrankungen auslösen. Bei Trockenfütterung besteht eine gewisse Gefahr, dass die Hunde zu wenig Wasser aufnehmen. Helfen können eine Umstellung auf Nassfutter oder das Beimengen von etwas Fleischbrühe im Wassernapf. Dieser sollte täglich gereinigt werden. Achten Sie darauf, dass der Flüssigkeitsbedarf an heißen Tagen – wie bei uns Menschen – höher als gewöhnlich ist!

Übergewicht im Seniorenalter können Sie übrigens keinesfalls damit bekämpfen, indem Sie einfach die Futterration verkleinern. Denn trotz geringeren Energiebedarfs aufgrund eingeschränkter körperlicher Aktivität benötigt der Oldie weiterhin eine ausreichende Menge an Vitaminen, Mineralstoffen und Spurenelementen. Ein für Senioren bilanziertes Alleinfutter sollte exakt diese Bedürfnisse berücksichtigen. Futterzusätze sind in diesem Fall nicht (oder nur sehr bedingt) notwendig, anders als beim Barfen. Hier ist ein angepasster Ernährungsplan notwendig, der auch (weitere) Nahrungsergänzungsmittel enthalten kann. Taurin hilft beispielsweise bei Herzproblemen, Phosphatidylserin verbessert die Funktionen des Gehirns, Lachsöl wirkt entzündungshemmend und Propentofyllin bewirkt eine bessere Durchblutung.

Tischmanieren
Bleiben Sie standhaft
und geben Ihrem
Hund besser nichts
vom Tisch.

Probleme und Gefahren

Bei der Ernährung kann viel falsch gemacht werden. Daraus
resultieren oft Mangelerscheinungen oder Übergewicht.
Manche Nahrung ist auch das reinste Gift für den Hund!

→ **Welche Nährstoffe braucht mein Hund?** Eine ausgewogene Ernährung ist das A und O für die Gesundheit des Hundes. Wer seinen Vierbeiner mit einem kommerziellen „Alleinfutter" versorgt, muss sich über die Zusammensetzung weniger Gedanken machen als jemand, der selbst kocht oder barft. Denn dabei muss man genau wissen, wie eine optimale Zusammenstellung aussieht. Grundbausteine eines jeden Futters sind Fette, Proteine, Kohlenhydrate, Vitamine und Mineralstoffe. Entscheidend für eine artgerechte Ernährung ist das Verhältnis dieser Grundbausteine. Es einfach vom Menschen auf den Hund zu übertragen funktioniert nicht, denn Hunde haben zum Beispiel einen höheren Bedarf an Proteinen.

▸ **Proteine:** Proteine sind lebensnotwendig, denn sie schützen den Körper vor Erregern, helfen beim Aufbau und dem Erhalt von Körperzellen, transportieren Sauerstoff und fördern die Gedächtnisleistung. Manche Aminosäuren (Bestandteile von Proteinen) kann der Organismus selbst herstellen, andere müssen über die Nahrung aufgenommen werden (sog. essenzielle Aminosäuren). Besonders Proteine tierischer Herkunft sind oft reich an essenziellen Aminosäuren. Sie befinden sich zum Beispiel in Fisch, Geflügel, Rind, Eiern und Milchprodukten.

▸ **Fette:** Ein Zuviel an Fetten sorgt bekanntlich für Übergewicht, richtig dosiert sind sie dagegen unverzichtbar.

Sie liefern nicht nur Energie, sondern spielen eine entscheidende Rolle im Stoffwechselablauf und dienen als Schutzschicht vor Kälte und Verletzungen. Sie sind der wichtigste Energielieferant und sorgen dafür, dass der Organismus fettlösliche Vitamine verwerten kann. Unterschieden wird zwischen gesättigten und einfach bzw. mehrfach ungesättigten Fettsäuren. Erstere kann der Organismus selbst bilden – ein besonderes Augenmerk muss daher auf die mehrfach ungesättigten Fettsäuren gelegt werden, die über die Nahrung zugeführt werden müssen. Dafür eignen sich zum Beispiel Fisch (Omega-3-Fettsäuren) und Sonnenblumen-, Distel- oder Kürbiskernöl (Omega-6-Fettsäuren).

Faustregeln für Alphatiere

Eine Kastration bewirkt Veränderungen in Hormonhaushalt und Stoffwechsel des Hundes. Das kann nicht nur Verhaltensänderungen mit sich bringen, sondern auch eine Gewichtszunahme! Ernährungsberaterin Dr. Petra Kölle rät, die Futterration nach einer Kastration dauerhaft um 10 bis 20 Prozent zu senken und das Gewicht des Hundes regelmäßig zu überprüfen. Eine weitere Möglichkeit besteht darin, auf kalorienreduziertes Futter umzusteigen – am besten noch vor der Kastration, damit die Umstellung keine zusätzliche Belastung darstellt. Nicht alle Hunde reagieren mit Übergewicht auf eine Kastration, die Wahrscheinlichkeit ist aber doppelt so hoch wie bei unkastrierten Hunden. Grund ist der sinkende Energiebedarf aufgrund weniger umtriebigen Verhaltens.

▶ **Kohlenhydrate:** Nach den Fetten sind sie der zweitwichtigste Energielieferant in der Hundenahrung. Kohlenhydrate sind Verbindungen aus Zuckermolekülen. Eine Unterteilung erfolgt nach Einfachzucker (Trauben- bzw. Fruchtzucker) und Mehrfachzucker. Dieser befindet sich in Form von Stärke zum Beispiel in Reis, Nudeln, Mais und Kartoffeln. Da der Verdauungsapparat des Hundes die Kohlenhydrate in rohem Gemüse sehr schlecht verarbeiten kann, sollte es vor dem Füttern zerkleinert werden. Kohlenhydrate liefern nicht nur Energie, sondern dienen auch als Ballaststoff. Zum einen sorgen sie für ein Sättigungsgefühl (was bei einer Diät sehr willkommen sein kann), zum anderen regen sie die Darmtätigkeit an und unterstützen so die Verdauung.

▶ **Vitamine:** Ebenso wie Mineralstoffe werden sie zwar nur in sehr kleinen

Mengen benötigt, haben aber trotzdem einen entscheidenden Einfluss auf die Gesundheit des Hundes! Viele Menschen glauben, für Hunde gelte bei Vitaminen die Faustregel „besser zu viel als zu wenig", aber das ist nicht immer so: Während ein Überschuss an wasserlöslichen Vitaminen über den Urin leicht wieder ausgeschieden werden kann, können fettlösliche Vitamine zu Knochenproblemen und Skelettmissbildungen führen. Bei ihnen kommt es also auf eine genaue Dosierung an. Nur so können alle Vitamine optimal als Wirk- und Steuerstoffe für Stoffwechselprozesse fungieren.

▶ **Mineralstoffe:** Hierzu gehören unter anderem Kalzium, Phosphor, Jod und Zink. Genau wie Wasser liefern sie Ihrem Hund zwar keine Energie – und sind doch lebensnotwendig! Aufgrund der sehr niedrigen Dosierung werden bei der eigenen Zubereitung von Hundefutter hier die meisten Fehler gemacht. Lassen Sie sich von einem Ernährungsberater exakt berechnen, welcher Stoff in welchem Umfang und Verhältnis zu anderen Mineralstoffen vorhanden sein muss. Sowohl eine Unter- wie auch Überversorgung kann schwerwiegende Auswirkungen auf Gelenke, Knochen und Zähne haben. Hilfreich können Nahrungsergänzungsmittel sein, denn sie erleichtern die Einhaltung der erforderlichen Menge an Mineralstoffen. Bei industriellem Alleinfutter ist eine Zugabe nicht notwendig.

Achtung Übergewicht

Rund 40 Prozent unserer Hunde sind übergewichtig! Ob dies unserem Schönheitsideal entspricht, ist unwichtig, entscheidend sind die gesundheitlichen Folgen von Übergewicht: Eine amerikanische Langzeitstudie an 48 Labradoren sollte jeden Hundebesitzer aufhorchen lassen, der ein paar Kilo zu viel für nebensächlich hält. Während die eine Hälfte der Labradore „normal" gefüttert wurde, bekam die andere Hälfte 25 Prozent mehr Futter. Die stärker gefütterten Hunde

✗ Gefahr durch Giftköder: Immer wieder wird gewarnt, dass in bestimmten Gegenden Giftköder ausgelegt wurden. Für Hunde eine potenziell tödliche Gefahr, denn gefüllt sind die lecker aussehenden Happen u. a. mit Scherben, Stacheldraht, Rattengift oder Schneckenkorn. Bringen Sie zur Prävention bereits dem Welpen bei, dass er niemals etwas vom Boden aufnehmen darf! Zumindest nicht, bevor Sie Ihre Freigabe erteilt haben.

VORSICHT GIFTIG

Nicht alles, was für uns bekömmlich oder sogar sehr gut ist, ist auch für Hunde verträglich. Leider wissen Hunde aber in der Regel nicht, welche Nahrung gut für sie ist – deshalb ist es unsere Aufgabe, darauf zu achten, dass weder etwas Falsches in den Napf kommt, noch die ungesunden Lebensmittel überhaupt für den Hund erreichbar sind.

Avocados enthalten Persin, das bei Hunden Husten, Atemnot und eine erhöhten Pulsfrequenz verursacht, die lebensgefährlich sein kann!

Zwiebeln enthalten N-Propylsulfid, das die roten Blutkörperchen angreift. Bereits eine mittelgroße Zwiebel kann bei einem kleinen Hund zu Durchfall und Mattigkeit führen.

Knoblauch enthält Sulfide, die die roten Blutkörperchen zerstören. Geben Sie Ihrem Hund Knoblauch also nur in winzigen Mengen, maximal zwei Zehen pro Woche.

Getränke aller Art sind für Hunde tabu. Die meisten enthalten Zucker, viele auch Koffein, das zu Bluthochdruck, Krampfanfällen und Herzrhythmusstörungen führen kann. Auch „aus Spaß" dem Hund Alkohol einzuflößen, kann schnell Erbrechen, Atemnot und Koordinationsstörungen hervorrufen.

Hülsenfrüchte wie Busch- und Stangenbohnen enthalten im rohen Zustand das giftige Phasin. Es führt zu Erbrechen und Durchfall. Vor dem Füttern 15 Minuten abkochen!

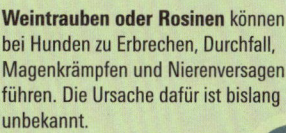

Nachtschattengewächse wie Kartoffeln, Tomaten und Paprika enthalten roh das giftige Alkaloid Solanin, das zu Krämpfen und Durchfall führen kann. Vor dem Füttern abkochen!

Weintrauben oder Rosinen können bei Hunden zu Erbrechen, Durchfall, Magenkrämpfen und Nierenversagen führen. Die Ursache dafür ist bislang unbekannt.

Nüsse sind aufgrund ihrer ungesättigten Fettsäuren sehr gesund. Sie enthalten aber auch viel Phosphor und können in größeren Mengen für Hunde daher schädlich sein.

Schokolade enthält das für Hunde giftige Theobromin. Je höher der Kakaoanteil, desto giftiger ist die Schokolade! Für einen 5 Kilogramm schweren Hund können bereits 100 Gramm dunkler Schokolade tödlich sein!

Zierpflanzen sollten mit Bedacht ausgewählt werden. Zu den giftigen Sorten zählen u. a. die äußerst häufige Birkenfeige (Ficus benjamina), der Drachenbaum, die Hyazinthe und die Gelbe Narzisse.

Schweinefleisch kann im Rohzustand mit dem Aujeszky-Virus verseucht sein. Eine Infektion kann beim Hund innerhalb kürzester Zeit tödlich enden. Es ist daher wichtig, Schweinefleisch vor dem Verzehr durchzugaren.

Obstkerne enthalten einen Stoff, der in Kontakt mit Wasser Blausäure entstehen lässt. Knackt ein Hund z. B. einen Pfirsich-, Kirsch- oder Zwetschgenkern, bildet sich das Gift und führt zu Vergiftungserscheinungen.

Diätfuttermittel dürfen unter diesem Namen nur gehandelt werden, wenn sie dazu bestimmt sind, den besonderen Ernährungsbedarf von Tieren zu decken, bei denen Verdauungs-, Resorptions- oder Stoffwechselstörungen vorliegen oder zu erwarten sind. Die Futtermittelverordnung (www.gesetze-im-internet.de/futtmv_1981) listet die Vorgaben auf.

litten nicht nur deutlich öfter an Krankheiten, sondern starben im Durchschnitt 2 Jahre früher (11,2 gegenüber 13 Jahre). Bedenkt man, dass die meisten Hundehalter eigentlich alles dafür tun wollen, dass ihr Hund möglichst lange lebt, dann sollte die Einhaltung des Idealgewichts eine der wichtigsten Maßnahmen sein.

Wer einen Rassehund besitzt, kann sich hinsichtlich des Idealgewichts an den Werten orientieren, die der Rassestandard vorschreibt. Bei einem Mischling ist das Gewicht des gleichgeschlechtlichen Elternteils ein guter Ausgangswert. Darüber hinaus bewerten Sie Ihren Hund aber am besten persönlich. Das geht sowohl optisch (z. B. ob noch eine Taille sichtbar ist) wie auch durch das Erfühlen der Rippen – lassen diese sich kaum noch ertasten, ist der Hund sicherlich übergewichtig. In Zahlen ausgedrückt gilt ein Hund ab 10 Prozent über Normalgewicht bereits als übergewichtig – ab 20 Prozent leidet er an Fettleibigkeit. Damit ist er anfälliger für Herz- und Kreislauferkrankungen, Gelenk- und Knochenprobleme sowie Diabetes und Atemnot.

Auslöser für Übergewicht kann in seltenen Fällen eine Erkrankung sein (klären Sie das vor einer Diät mit Ihrem Tierarzt ab), sehr wahrscheinlich ist jedoch ein Energieüberschuss: Der Hund bekommt zu viel zu fressen und bewegt sich zu wenig! Schuld daran sind oft Leckerlis. Denn diese werden gerne über den Tag immer wieder als Belohnung oder „einfach so" vergeben. Wer also stets auf die Einhaltung der Ration achtet – die Energiezufuhr durch Leckerlis dabei jedoch vergisst – muss früher oder später mit einem übergewichtigen Hund rechnen.

Fürs Abspecken gibt es mehrere Möglichkeiten: Eine davon ist mehr Bewegung, das funktioniert aber meist nur in Maßen. Daher ist fast immer auch eine Futteranpassung notwendig. Vielleicht genügt es bereits, dass Sie Leckerlis reduzieren bzw. diese in den täglichen Bedarf Ihres Hundes mit einberechnen (siehe „Pro und Contra Leckerlis", S. 38). Vielleicht entdecken Sie bei näherer Betrachtung auch, dass Ihr Hund einfach zu viel an Futter bekommen hat. Bedenken Sie, dass die Fütterungsempfehlungen auf Fertigfutter nur einen groben Richt-

Übergewicht
Dieser Hund ist deutlich übergewichtig und benötigt eine Diät.

wert darstellen und es gut möglich ist, dass eine 10 bis 20 Prozent kleinere Ration genau das Richtige für Ihren Hund wäre. Die Wahrscheinlichkeit dafür ist zum Beispiel hoch, wenn er zur Sorte „Couchpotatoes" gehört und sich eher wenig bewegt.

Möglich ist aber auch, dass Ihr Hund in größerem Umfang abspecken muss. Besprechen Sie mit Ihrem Tierarzt, ob er Ihnen zu einem Diätfutter für den Hund rät. Einfach nur die Portionen zu reduzieren ist unter Umständen nicht sinnvoll, da damit auch eine entsprechende Verringerung der Nährstoffe einhergeht. Diätfutter geht auf diese Bedürfnisse ein und sorgt für einen reduzierten Energiegehalt bei gleichbleibender Futtermenge und Nährstoffgehalt.

→ Nicht übertreiben!

Setzen Sie Ihren Hund bei Übergewicht keinesfalls auf Nulldiät! Gehen Sie es langsam, aber sicher an: Eine Reduzierung des Körpergewichts um ein bis zwei Prozent pro Woche ist völlig ausreichend.

Futtermittelallergien sind auf dem Vormarsch

Jahrelang kann alles gut gegangen sein, doch plötzlich leidet Ihr Hund an starkem Juckreiz, Fellveränderungen, Durchfall oder Erbrechen. Einer der Gründe kann eine Futtermittelallergie sein. Selbst wenn Sie immer dasselbe Futter verabreichen, können unerwartet Allergiesymptome auftreten, die Sie von einem Tierarzt eingehend untersuchen lassen sollten. Bluttests können Tendenzen aufzeigen, häufig muss jedoch über ein Ausschlussverfahren, eine sogenannte Eliminationsdiät, ergründet werden, was die Allergie ausgelöst hat. Bei dieser „Diät" darf das neue Futter keine Proteine aufweisen, die auch im bisherigen Futter enthalten waren. Von Vorteil ist hierbei, wenn man bislang nicht die unterschiedlichsten Fleischsorten gefüttert hat. Dann könnte zum Beispiel künftig auf Rind und Huhn verzichtet und stattdessen zu Wild oder Pferd gegriffen werden. Wichtig ist, dass jeweils nur eine einzige Eiweißsorte im Futter vorhanden ist, um speziell diese als möglichen Allergieauslöser ausfindig zu machen bzw. ausschlie-

Voll lecker
Kaustangen reinigen die Zähne,
sollten aber in den Energiebedarf
des Hundes eingerechnet werden.

ßen zu können. Sie können das Fleisch selbst kochen und mit Nudeln oder Kartoffeln vermengen – oder aber auf spezielles Fertigfutter zurückgreifen.

Auch wenn hier oft der Begriff „Diätfutter" fällt, so handelt es sich nicht um eine Diät im üblichen Sinn. Der Hund soll selbstverständlich weiterhin in ausreichender Menge und seinem Bedarf entsprechend ernährt werden, lediglich die Zusammensetzung schließt bestimmte Inhaltsstoffe definitiv aus. Nur so kann schlussendlich festgestellt werden, was für den Hund bekömmlich ist – und was nicht. Auch kleinste Mengen, zum Beispiel ein Leckerli mit der betreffenden Eiweißquelle wie Rindfleisch, kann sofort wieder allergische Symptome auslösen. Diätfuttermittel werden nicht nur bei Futtermittelallergien eingesetzt, sondern auch bei nieren- oder leberkranken Tieren (reduzierte Eiweißmenge, hochwertige Proteine), Herzerkrankungen (verminderter Salzgehalt), Darmerkrankungen (bessere Verdaulichkeit) oder zur Behandlung und Vorbeugung von Blasensteinen (Anpas-

sung des Mineralstoffgehalts und Einstellung des passenden Urin-pH-Wertes).

Die häufigsten Auslöser für eine Futtermittelallergie sind bei unseren Hunden Milchprodukte, Rind und Geflügel, gefolgt von Eiern, Weizen und Soja. Treffen kann es jeden Hund, wobei die Wahrscheinlichkeit bei „hochgezüchteten" Hunden nicht zwingend größer sein muss. Ernährungsberaterin Dr. Petra Kölle hat mit den unterschiedlichsten Hunden zu tun: „Eine gewisse Häufigkeit ist beim Golden Retriever und Labrador festzustellen, oft betrifft es aber auch Streuner aus dem Ausland, bei denen jeder denkt, die müssten doch eigentlich alles vertragen." Ihre Erfahrungen zeigen, dass es in diesem Fall oft hilft, von Fertigfutter auf Selberkochen umzusteigen. Eine Erfolgsgarantie im Kampf gegen die Allergie ist das jedoch nicht. Genauso wenig kann so sichergestellt werden, dass ein als nicht allergen befundenes Futter auf Dauer gut vertragen wird – nach ein paar Wochen können erneut Allergiesymptome auftreten und das Prozedere beginnt von vorn.

Fertigfutter auf dem Prüfstand

Hundehaltern bietet sich eine schier endlose Auswahl an Hundefutter. Die Stiftung Warentest prüft in regelmäßigen Abständen die Qualität von Feucht- und Trockenfutter.

Hochwertig und bedarfsgerecht – so preisen viele Anbieter ihr Feuchtfutter an. Doch dem ist leider nicht immer so: In einem Test von 30 Nassfuttersorten für ausgewachsene Hunde mit dem Anspruch „Alleinfutter" wurden bei 14 Proben fehlende Nährstoffe bzw. eine unausgewogene Zusammensetzung festgestellt. Mal fehlte Kalzium, mal Linolsäure oder Kupfer, mal konnte kein Vitamin B1 nachgewiesen werden. Diese 14 Futtersorten wurden deshalb mit „mangelhaft" bewertet (www.test.de/hundefutter). Denn fehlende Nährstoffe, wie zum Beispiel Kalzium, können schwerwiegende Folgen für Hunde haben: „Als erstes kann der Hund nicht mehr kräftig zubeißen, er bekommt einen morschen Kiefer", erklärt Dr. Ellen Kienzle, Professorin für

Tierernährung in München. „Später werden dann andere Knochen brüchig. Dabei müssten die Hersteller einfach nur mehr Knochenanteile ins Futter geben." Dass eine optimale Zusammensetzung ohne weiteres möglich ist, beweisen immerhin acht der getesteten Futtersorten. Keineswegs handelt es sich dabei nur um besonders teure Produkte, auch preiswertes Hundefutter aus dem Marken-Discount befindet sich darunter.

Ob Sie sich für Feucht- oder Trockenfutter entscheiden, ist prinzipiell erst einmal egal. Beide können über viele Jahre hinweg eine gesunde Ernährung gewährleisten. Sofern Sie ausschließlich eine Futtersorte verwenden möchten (wogegen nichts spricht), müssen Sie darauf achten, dass es als „Al-

„Bio" bedeutet keinesfalls, dass die Nahrung grundsätzlich gesünder ist als herkömmliches Futter. Entscheidend sind auch hier bedarfsgerechte Zusammensetzung und Vorkommen aller nötigen Nährstoffe. Positiv zu bewerten ist Biofutter bezüglich des Anbaus der verwendeten Pflanzen bzw. Haltungsbedingungen der Nutztiere und der geringen oder fehlenden Belastung durch Antibiotika, Insektizide und Pestizide.

leinfuttermittel" deklariert ist. Nur dann können Sie erwarten, dass sich darin alle wichtigen Nährstoffe befinden. Entscheidend ist oft, welche Fütterungsform der Züchter des Welpen bereits vorgegeben hat. Schmeckt es dem Hund, hat er keine Verdauungsprobleme und ist der Kot gut geformt (weder breiig noch hart), spricht nichts dagegen, dabei zu bleiben. Möchten Sie wechseln, gehen Sie behutsam vor, denn ein abrupter Wechsel tut dem Hund oft nicht gut.

Gründe für einen Wechsel von Trocken- auf Feuchtfutter (oder umgekehrt) gibt es viele: Trockenfutter ist unschlagbar günstig, es ist äußerst ergiebig, hält lange und ist ideal für unterwegs. Feuchtfutter wird dagegen aufgrund seines intensiven Geruchs gern von schlechten Fressern akzeptiert und ist vor allem wasserreicher. Zwar benötigt man deshalb deutlich größere Mengen davon als von Trockenfutter, dafür mindert es die Gefahr, dass der Hund zu wenig Flüssigkeit aufnimmt. Es eignet sich zudem prima, um Medikamente unauffällig darin zu verstecken. Unterm Strich überwiegen für die Mehrheit der Hundebesitzer jedoch die Vorteile des Trockenfutters, weshalb es die beliebteste Fütterungsform darstellt.

Auch Trockenfutter wird regelmäßig von der Stiftung Warentest unter die Lupe genommen. Im Vergleich zum Feuchtfutter weist es im Durchschnitt ein deutlich besseres Ergebnis auf! In einem Test aus dem Juni 2016 (abrufbar unter www.test.de/Hundefutter-trocken-im-Test-5020107–0) lieferten 18 von 23 geprüften Trockenfuttersorten einen „guten" oder sogar „sehr guten" Nährstoffmix. Überraschend mag für manche sein, dass in allen drei Siegerfuttern Getreide enthalten ist, denn es wird oft darüber

Faustregeln für Alphatiere

Was steckt im Futter? Die wichtigste Angabe auf dem Etikett ist, ob es sich um ein Allein- oder Ergänzungsfuttermittel handelt. Letzteres ist als alleiniges Futtermittel für Ihren Hunde nicht ausreichend! Die genaue Zusammensetzung des Futters ist in der Zutatenliste angegeben, wobei das mengenmäßig dominierende Produkt an erster Stelle steht. Bei einer „offenen Deklaration" werden alle Zutaten einzeln aufgelistet (z. B. Mais, Weizen, Gerste), bei einer „geschlossenen" erfolgt die Angabe in Gruppen (z. B. Getreide). Befindet sich Zucker im Futter, muss dieser aufgelistet werden. Darüber hinaus erhalten Sie Angaben über den Anteil an Rohproteinen, Rohasche, Rohfett, Rohfaser und den Feuchtegehalt sowie die Gehalte von Vitamin A, D und E.

diskutiert, ob Weizen, Gerste oder Hafer schädlich für den Hund sind. Das Gegenteil ist der Fall: Getreide versorgt den Hund mit wertvollen Kohlenhydraten und Ballaststoffen. Drei Futtersorten ohne Getreide belegten in dem Test die letzten Plätze! Sie alle waren – trotz anderslautender Deklaration – als Alleinfuttermittel nicht geeignet.

Hartnäckig hält sich das Gerücht, Fertigfutter enthalte Schlachtabfälle wie Knorpel, Borsten und Haare. Weder beim Trockennoch beim Nassfutter ergaben die Untersuchungen der Stiftung Warentest Hinweise darauf. Dasselbe gilt für Aromastoffe: Es konnten keinerlei Lockstoffe festgestellt werden, die Hunde gezielt zum Fressen verführen sollen!

Anders sieht es allerdings bei Schadstoffen aus. Bei neun Trockenfuttersorten konnten geringe Mengen an Schwermetallen, Schimmelpilzen oder Mineralölen gefunden werden. Um die Gesundheit seines Tieres muss bei den extrem niedrigen Werten jedoch niemand fürchten. Ein wichtiger Hinweis: Wenn ein Produkt damit wirbt, dass es auf Zusatzstoffe verzichtet, ist das kein Qualitätskriterium! Im Gegenteil: Zusatzstoffe sind erforderlich, um die vielen Anforderungen an ein hochwertiges Alleinfuttermittel zu erfüllen.

Vegetarische Ernährung

Unter Hundebesitzern gibt es nicht nur Diskussionen darüber, ob Hunde Fleisch- oder inzwischen längst Allesfresser sind. Immer wieder ist auch zu hören, ob sie nicht vegetarisch (fleischlos) oder sogar vegan (rein pflanzlich) ernährt werden können. Die meisten Hundehalter lehnen dies ab, aber für überzeugte Vegetarier oder Veganer ist es oft schwer zu vereinbaren, dass ihr Hund nicht nach den gleichen Grundsätzen ernährt werden kann, die für ihre eigene Ernährung gelten. Ernährungsberaterin Dr. Petra Kölle sieht vegane Hundeernährung kritisch, hält sie aber nicht für unmöglich: „Nach momentanem Wissensstand kann man erwachsene Hunde vegan ernähren, aber ich würde niemandem empfehlen, dies ohne Rationsberechnung zu tun!" Ihre Kollegin, Prof. Dr. Ellen Kienzle, Fachtierärztin für Tierernährung an der Ludwig-Maximilians Universität München, hat testweise mehrere vegane Futtersorten untersucht – kein einziges hat den Bedarf des Hundes gedeckt! Deshalb ist es sinnvoll, von einem entsprechend spezialisierten Tierarzt eine Analyse (Rationsberechnung) durchführen zu lassen. Dazu muss lediglich ein Fragebogen ausgefüllt werden, in dem Angaben zu Gewicht, Rasse, Erkrankungen und Aktivität des Tieres gemacht werden. Außerdem muss exakt aufgelistet werden, welche Futtermarke bzw. welche Futterkomponenten (inklusive Vergabe von Leckerli!) in welchem Umfang täglich verabreicht werden.

66 In sehr seltenen Fällen kann eine vegetarische Ernährung medizinisch von Vorteil sein, etwa im Falle eines Allergikerhunds.

———

Für eine Berechnung entscheidend sind bei einem Fertigfutter die Angaben auf der Verpackung. Sind diese nicht vollständig, kann man die Herstellerfirma anschreiben und um die entsprechenden Daten bitten. Sollte

der Hersteller die Daten nicht herausgeben – was laut Petra Kölle gerade bei großen Firmen eher selten vorkommt –, ist eine Rationsberechnung nicht möglich. In allen anderen Fällen erhält der Hundebesitzer eine Auswertung, die genau auflistet, in welchem Maß der Nährstoffbedarf seines Tieres gedeckt ist, sowie gegebenenfalls Maßnahmen zur Optimierung der Ration, insbesondere bei kranken Tieren, die oft spezielle Anforderungen an die Fütterung stellen. In sehr seltenen Fällen kann eine vegetarische Ernährung medizinisch von Vorteil sein, etwa im Falle eines Allergikerhunds: Jedes Mal, wenn dieser Fleisch zu fressen bekam, reagierte er darauf mit Durchfall. Nachdem seine Ernährung nun auf der Basis von Tofu und anderen pflanzlichen Komponenten umgestellt worden ist, erfreut er sich bester Gesundheit. Allerdings nur, weil fehlende Nährstoffe dem Futter in Form von Nahrungsergänzungsmitteln zusätzlich beigefügt werden. Bei vegetarischer Ernährung ist das einigermaßen überschaubar, bei veganer Ernährung allerdings eine echte Herausforderung. Hunde sind von Natur aus keine Veganer. Wer Probleme damit hat, Fleisch zu verfüttern, sollte sich die Anschaffung eines Hundes gut überlegen.

Barfen & selber kochen

Das Barfen entstand vor nicht allzu langer Zeit als Gegenbewegung zu industrieller Fertignahrung. Die Methode hat viele Vorteile, birgt aber auch etliche Risiken.

Das Buch „The BARF Diet" („Die Barf-Ernährung") des australischen Tierarzts Ian Billinghurst erschien im Jahr 2001 und hatte weitreichende Auswirkungen auf die Ernährung von Hunden. Die Abkürzung „BARF" steht für „Bones and raw food", also Knochen und rohes Futter.

Swanie Simon, eine der ersten Hundehalterinnen, die sich in Deutschland für die Rohfütterung einsetzte, kreierte allerdings die Bezeichnung „Biologisch artgerechtes rohes Futter". Sie warb damit, dass Barfen ganz einfach sei. Schließlich müsse man sich nur die Fressgewohnheiten von Wölfen und Wildhunden ansehen.

Vergessen wird von Barfern jedoch oft, dass diese Tiere nicht nur leckeres Muskelfleisch fressen, sondern auch den Darminhalt, Organe, Knochen, Gehirn und Blut. Und das in großen Mengen, wodurch eine ausreichende Versorgung mit Vitaminen und Mineralstoffen ermöglicht wird. Dem Hund also einfach eine Mischung aus Fleisch, Gemüse und Obst zu servieren, funktioniert nicht! Das beweist unter anderem eine Studie der Ludwig-Maximilians-Universität in München, die Barf-Speisepläne von Hunden überprüfte – mit dem Ergebnis, dass über die Hälfte aller getesteten Rationen einen signifikanten Mangel oder eine Überversorgung an Nährstoffen aufwies.

Wer barfen möchte, hat mehrere Möglichkeiten: Man kann das Fleisch frisch in der Metzgerei kaufen und dort ganz genau sehen, was man bekommt. Ebenso kann man sich die verschiedensten Fleischsorten tiefgekühlt zuschicken lassen. Zusätzlich bieten Händler eine große Auswahl fertiger Barf-Menüs an. Diese sind ebenfalls tiefgefroren und weisen je nach Hersteller ein individuelles Mischverhältnis an Fleisch, Innereien, Gemüse, Obst und anderen Zutaten auf.

Allerdings ist eine Onlinebestellung von Tiefkühlfutter, das dann per Post oder Paketservice nach Hause geliefert wird, mit einem gewissen Risiko behaftet, da die Kühlkette des Futters unbedingt durchgehend eingehalten werden muss und nicht unterbrochen werden darf. Wird das Päckchen zum Beispiel vom Kurier ungekühlt transportiert und dann tagsüber beim Nachbarn abgegeben, weil Sie nicht zu Hause waren, kann das Futter bis zum Abend bereits verdorben sein.

„Barfen ist gar nicht so leicht."

Dr. Petra Kölle
Ernährungsberaterin der Medizinischen Kleintierklinik der Ludwig-Maximilians-Universität München

Wie ernähre ich meinen Hund am besten?

Ob Fertigfutter, selber kochen oder barfen – mit jeder Methode haben Sie grundsätzlich die Möglichkeit, einen Hund bedarfsgerecht zu ernähren. Am wenigsten falsch machen kann man im Allgemeinen mit kommerziellem Futter.

Worauf muss ich beim Barfen achten?

Rezepte, die Sie im Internet finden, sind selten bedarfsgerecht! Wer barfen möchte, sollte als Erstes einen entsprechend spezialisierten Tierarzt oder Ernährungsberater konsultieren und einen Plan aufstellen lassen, ansonsten ist eine Mangelernährung beinahe schon programmiert.

Welche Gefahren sehen Sie?

Es muss auf die Qualität des Fleisches geachtet werden und auf dessen Verarbeitung. Barfer sollten sehr auf Hygiene achten, zum Beispiel fertige Barf-Menüs bzw. Fleisch für den Hund nicht in einem Gefrier- oder Kühlschrank lagern, in dem sich auch Lebensmittel für den eigenen Bedarf befinden, denn bei rohem Fleisch besteht ein erhöhtes Infektionsrisiko. In Kanada gab es einen Vorfall, bei dem sich mehrere Hundehalter über ihre Tiere mit Salmonellen angesteckt haben. Aufgrund der Infektionsgefahr für den Menschen ist es in den USA verboten, Therapiehunde zu barfen. Abraten würde ich auch Schwangeren oder Familien mit Kleinkindern, die Umgang mit dem Hund haben.

Wie stelle ich eine bedarfsgerechte Ernährung sicher?

Am besten auf Grundlage einer Ernährungsberatung, bei der abgefragt wird, welche Bestandteile dem Hundebesitzer zur Verfügung stehen bzw. welche er verwenden möchte und der Hund akzeptiert. In Kombination mit den Angaben über den Hund kann ein individueller Ernährungsplan aufgestellt werden.

Wie lässt sich der Bedarf an Nährstoffen decken?

Manche Barfer möchten keine Nährstoffe in Form eines kommerziell erhältlichen Präparats verabreichen. Das macht den Aufwand um einiges höher. Es können schnell über ein Dutzend Zutaten notwendig sein. Leichter ist es, den Bedarf gegebenenfalls mit einem Ergänzungsfuttermittel in Form eines Vitamin-Mineralstoffgemisches zu decken.

Knochenarbeit
Knochen werden von
den meisten Hunden
mit großem Genuss
abgenagt.

Was halten Sie von fertigen Barf-Menüs?

Ich persönlich finde, dass sie dem Grundgedanken des Barfens etwas widersprechen. Bei gewolftem, also in kleine Teile gehacktem Futter lässt sich, ähnlich wie bei Fertigfutter, nicht mehr recht nachvollziehen, aus was genau es besteht. Vergessen werden darf auch nicht, dass bei gefrorenem Futter immer die Gefahr besteht, dass die Kühlkette nicht eingehalten wurde. Beim heimischen Metzer kann man sich schon sicherer sein, was drin ist, insbesondere, wenn man das Fleisch in großen Stücken erwirbt.

Und inwiefern unterscheidet sich Barfen aus Ihrer Sicht vom Selbstkochen?

Beim Barfen verbleiben sämtliche Lebensmittel im Rohzustand. Der Nachteil daran ist, dass eventuell im Fleisch vorhandene Keime nicht durch das Kochen abgetötet werden. Bei Gemüse gehen durch das Erhitzen zwar Nährstoffe verloren, dafür können die verbliebenen Nährstoffe im gekochten Zustand häufig besser vom Körper verwertet werden.

Wie oft müssen Rationsberechnungen angepasst werden?

Während der Welpenphase etwa alle acht Wochen. Im Erwachsenenalter ist es eigentlich nur noch bei Erkrankungen beziehungsweise besonderen Vorkommnissen wie zum Beispiel einer Kastration notwendig. Ansonsten muss erst im Seniorenalter wieder angepasst werden.

Kommt es häufig vor, dass Hundebesitzer wieder vom Barfen abkommen?

Ich erlebe es regelmäßig, dass Barfer erst alles selbst machen möchten, ihnen der Zeit- und Arbeitsaufwand dann aber zu groß ist und sie eine Vereinfachung in Form von Ergänzungsfuttermitteln wünschen. Ein gewisser Prozentsatz von Leuten barft nur noch ab und zu oder lässt es wieder ganz.

Wie viel Abwechslung sollte sein?

Abwechslung auf dem Speiseplan ist Nebensache. So lange dem Hund eine bestimmte Futtermischung schmeckt, er sie gut verträgt und diese bedarfsgerecht ist, kann sie über Jahre hinweg Verwendung finden.

Wie schnell machen sich Ernährungsfehler bemerkbar?

In vielen Fällen leider erst mit großer Verzögerung, nach ein, zwei oder gar mehreren Jahren. Beispielsweise Kupfer und Zink, die in der Leber gespeichert werden. Erst wenn der Speicher erschöpft ist, sinken auch die Blutwerte ab – bis dahin bleiben sie konstant. Viele Barfer lassen aus dem Blut ihres Hundes ein sogenanntes Barf-Profil erstellen. Bei Werten im Normalbereich kann dem Hundehalter eine bedarfsgerechte Fütterung vorgetäuscht werden, obwohl der Hund bereits an Nährstoffmangel leidet.

Welchen Tipp möchten Sie allen Barfern mitgeben?

Unbedingt das Geld für eine Rationsberechnung investieren, sonst geht der schöne Plan, den Hund gesünder ernähren zu wollen, ganz schnell nach hinten los!

Pro und contra Leckerli

Kaum ein Hundebesitzer, der seinen Hund nicht regelmäßig mit Leckerli belohnt. Aber Vorsicht, die beliebten Snacks können es in sich haben!

Vor allem als Belohnung für gute Leistungen sind Leckerli für viele Hundebesitzer geradezu unverzichtbar – vom kleinen Hundekeks bis zum Büffelknochen. Verwendung finden sie aber auch zur Ablenkung, etwa beim Tierarzt, oder zur Zahnpflege. In Maßen ist dies in Ordnung, bei besonderen Leistungen können Sie Ihrem Hund auch mal eine kleine Belohnung gönnen.

Leckerli gibt es heutzutage in unzähligen Variationen. Zur Belohnung kommen meist sehr kleine Snacks zum Einsatz, die ohne Kauen vom Hund geschluckt werden. Hundebiskuits, Dörrfleisch, getrocknete Pansenstreifen oder Büffelhautknochen stellen dagegen eine unterschiedlich lange Beschäftigung dar und fördern den Abrieb von Zahnbelag. Empfehlenswert ist die Verwendung von Zahnpflegeprodukten vor allem bei der Fütterung mit Nassfutter, denn hier findet – im Gegensatz zu Trockenfutter – so gut wie keine natürliche Zahnreinigung aufgrund eines Abriebs statt. Zahnerkrankungen beginnen oft ganz harmlos mit Zahnbelag. Mit der Zeit wird dieser hart und porös, so dass sich Futterreste und in Folge dessen Bakterien ansammeln können.

„Braver Hund!"
Wer sich brav bürsten lässt, hat schon einmal ein Leckerli verdient.

Mit selbstgebackenen Keksen oder speziellen Kauartikeln aus dem Zoofachhandel können Sie den Abrieb unterstützen und somit Karies, Parodontose und Zahnstein vorbeugen.

Allerdings sollte Futter nicht immer als „Erziehungswerkzeug", also als Belohnung für erwünschtes Verhalten eingesetzt werden. Denn Ihr Hund lernt sonst womöglich, dass er die Belohnung erwarten darf. Haben Sie Ihren Hund dann schließlich so weit, dass er gehorcht, und hören deshalb auf, ihm die gewohnte Belohnung zu geben, kann es passieren, dass Ihr Hund mehrfach frustriert reagiert, wenn er nicht das erwartete Leckerli bekommt. Er wird das gewünschte Verhalten dann womöglich bleiben lassen, und Sie müssen bei der Erziehung wieder von vorne anfangen.

→ Knochen als Kauartikel

Rohe Knochen können bedenkenlos verfüttert werden. Am besten solche von jungen Schlachttieren, denn sie sind noch sehr elastisch und enthalten viele Mineralstoffe. Das gefürchtete Splittern von Knochen tritt nur nach dem Erhitzen auf, weshalb entsprechende Essensreste – etwa ein Schweinekotelett – vom Abendessen für den Hund tabu sind! Wenn Sie Knochen verfüttern, achten Sie auf den anschließenden Stuhlgang des Hundes. Zu viele Knochen können zu hartem, weißlichen „Knochenkot" führen – ein Hinweis auf Probleme mit dem Darm. Dann sollten Sie Ihrem Hund künftig weniger Knochen geben. Außerdem kann es zu einer Überversorgung mit Mineralstoffen kommen.

Selbstgemachte Snacks

Sie können Hundekekse auch selber backen. Dann wissen Sie genau, welche Zutaten diese enthalten, und können sie besser auf die Bedürfnisse Ihres Vierbeiners abstimmen, besonders wenn Ihr Hund unter Allergien leidet. Es versteht sich von selbst, dass die Zutaten hundegerecht sein müssen. Wenn

Futtervergleich: Trocken- oder Feuchtfutter?

Trocken: Unschlagbar günstig

- ☐ **Sehr preiswert.** Die Tagesration gibt es schon ab 18 Cent.

- ☐ **Ergiebig.** 100 Gramm Futter liefern rund 365 Kilokalorien – das ist enorm viel. Ein typischer 3-Kilo-Sack reicht bei einem durchschnittlich großen Hund gut zwei Wochen.

- ☐ **Für unterwegs.** Pellets und Brocken lassen sich gut mitnehmen – z. B. als Leckerli für zwischendurch.

- ☐ **Unterschätzt.** Die Tagesration von 200 Gramm wirkt dürftig. Halter geben ihrem Tier eventuell mehr, als es braucht.

- ☐ **Unser Rat:** Die meisten Trockenfutter im Test versorgen Hunde optimal mit Nährstoffen. Sehr gut, preiswert und noch erhältlich sind Edeka/Vitacomplete (19 Cent pro Tagesration), dm/Dein Bestes (21 Cent) sowie Kaufland/K-Classic (18 Cent). Auch sehr gut, aber etwas teurer: die Futter von Bosch (57 Cent), Chappi (25 Cent) und Pedigree (46 Cent).

Feucht: Lockt schlechte Fresser

- ☐ **Vergleichsweise teuer.** Die Tagesportion kostet im Schnitt 2,80 Euro.

- ☐ **Wasserreich.** Der Wassergehalt von 80 Prozent ist für Hunde günstig, die allgemein wenig trinken.

- ☐ **Beliebt.** Intensiver Geruch, Fleischstücke: Auch schlechte Fresser akzeptieren Feuchtfutter gut.

- ☐ **Viel zu tragen.** Ein durchschnittlich großer Hund braucht am Tag fast zwei Doseninhalte – das ist viel Verpackungsmüll. 100 Gramm Feuchtfutter liefern nur 100 Kalorien.

- ☐ **Noch zu haben:** Diese sehr guten und guten Nassfutter aus dem letzten Test sind laut Anbietern unverändert im Handel: Netto Marken-Discount/Pablo (1,23 Euro pro Tagesration), Rossmann/Winston (93 Cent), Edeka/Herzhafte Bissen (1,56 Euro), Aldi (Nord)/Alnutra (1,71 Euro, davor Baldo) und Aldi Süd/Romeo Select (1,54 Euro).

Stand: Juni 2016. Alle Test-Ergebnisse finden Sie auf www.test.de

Aufgetischt
Selbstgebackene Hunde-
kekse können Sie exakt
auf die Vorlieben Ihres
Hundes abstimmen.

Sie Hundekekse selber backen möchten, können Sie zum Beispiel Fleisch, Getreide oder Gemüse verwenden. Gut sind auch Haferflocken oder Haferkleie, verschiedene Mehlsorten (aus Vollkorn), Hackfleisch, Leberwurst, gewürfelter Schinken, Bananen, Karotten, Eier, hochwertige Öle wie Oliven- oder Maiskeim-Öl.

Die Hundekekse werden zunächst gebacken und anschließend im Ofen getrocknet. Dadurch sind sie hart, trocken und mehrere Wochen haltbar. Backrezepte finden Sie in Fülle online bei vielen seriösen Quellen. Auch können Sie vollwertiges Brot, das schon ein paar Tage alt ist, in „schnauzenfreundliche" Streifen oder Würfel zuschneiden und im Backofen so gut trocknen, bis sie fest sind und nicht mehr schimmeln können.

Gefahr Übergewicht

Aber Vorsicht: Diese Snacks – ob gekauft oder selbstgemacht – stellen eine der häufigsten Ursachen von Übergewicht dar! Viel zu oft wird ihr Kaloriengehalt nicht in die tägliche Gesamtration einberechnet. Die Folge ist unweigerlich Übergewicht mit allen negativen Begleiterscheinungen. Seien Sie bei der Gabe deshalb sparsam und informieren Sie sich über den Kaloriengehalt. Eine Handvoll Hundekekse kann der Hälfte des täglichen Energiebedarfs eines kleinen Hunds entsprechen. Zudem ist nicht immer gewährleistet, dass jeder Hund fetthaltige Kauartikel wie zum Beispiel Schweineohren oder Ochsenziemer gut verträgt. Bei Verdauungsproblemen oder Allergien sollte daher nicht nur an das eigentliche Futter, sondern auch an Kauartikel gedacht werden.

Bewegung hält fit und gesund

Ob klein oder groß, jung oder alt, dick oder dünn – jeder Hund sollte artgerecht bewegt und beschäftigt werden, damit er ein gesunder und ausgeglichener Begleiter bleibt.

Früher gab es nur Arbeitshunde – und deren Beschäftigung war garantiert. Die einen hüteten Schafe, andere waren Jagdbegleiter und wieder andere Wachhunde. Sowohl geistig als auch körperlich gab es immer genügend Herausforderungen. Langweilig wurde es selten, und wenn doch, dann war dies eine willkommene Abwechslung zum Arbeitstag, wie auch wir eine Erholungspause ab und zu schätzen. Heute sieht der Alltag vieler Hunde gänzlich anders aus: Sie kommen aus den Pausen gar nicht mehr heraus. Und wenn endlich das Gassigehen ansteht, dann würde sich mancher Hund sicherlich etwas mehr wünschen. Immer dieselbe Runde gehen? Nichts Neues zu erschnüffeln und entdecken? Keine sportlichen Herausforderungen? Kein Spaß? Das muss nicht sein!

Lassen Sie es nicht zu, dass die Gassirunde zur leidigen Pflichterfüllung verkommt. Machen Sie jeden Tag ein kleines Event aus den gemeinsamen Spaziergängen und schauen Sie doch beispielsweise auch mal, was die umliegenden Hundevereine alles an Sportarten anbieten.

Die Gassirunde – Pflicht oder Kür?

Die meiste gemeinsame Zeit im Freien verbringen Sie mit Ihrem Hund beim täglichen Spaziergang. Diese Zeit sollten Sie nicht sinnlos verstreichen lassen!

→ **Hundespaziergänge sind** eine ideale Möglichkeit für den Hund, die Umgebung besser kennenzulernen – allerdings nur, wenn nicht täglich die gleiche Runde gedreht wird. Es gibt kaum eine bessere Art, interessante Ecken zu entdecken und mit neuen Hundehaltern ins Gespräch zu kommen. Hunde lieben die Abwechslung, vor allem, weil es so viel Neues zu erschnüffeln gibt. Ziehen Sie Ihren Hund also nicht immer gleich weiter, wenn er inne hält. Stellen Sie sich vor, dass er sich gerade so fühlt wie Sie, wenn Sie auf einem Berggipfel angekommen sind: Nach allen Seiten gibt es unzählige Eindrücke, und es braucht Zeit, um sie alle aufnehmen zu können. Und nicht nur visuell gibt es eine Menge zu verarbeiten: Eine Hundenase besitzt bis zu 200 Millionen Riechzellen – im Gegensatz zu gerade einmal 5 Millionen beim Menschen. Ein Hund hat im Vergleich zu Ihnen also in etwa die vierzigfache Menge an Gerüchen in der Nase!

Anzahl und Dauer der täglichen Spaziergänge hängen zum einen davon ab, wie viele Zeit Sie dafür aufbringen können, auf der anderen Seite kommt es auf das Alter und die körperliche Verfassung des jeweiligen Hundes an. Besonders im Welpenalter ist Vorsicht geboten! Die Kleinen dürfen keinesfalls überfordert werden, da dies gesundheitliche Schäden zur Folge haben kann.

ℹ **Sie entscheiden, wann es los geht!** Überlassen Sie nicht dem Hund die Entscheidung, wann es Zeit für einen Spaziergang ist. Einen aufgeregt umherlaufenden oder gar bellenden Hund bestätigen Sie in seinem Verhalten nur, wenn es zur „Belohnung" Gassi geht. Warten Sie, bis er sich beruhigt hat, und holen dann die Leine. Darüber darf der Hund sich natürlich freuen, sollte aber dennoch unterordnungsbereit sein.

Neue Eindrücke
Gehen Sie nicht jeden Tag die gleiche Runde, sondern bieten Sie Ihrem Hund etwas Abwechslung.

Wenn ein Welpe sich während eines Spaziergangs hinlegt, ist das oft ein klares Zeichen dafür, dass er eine Pause braucht. Ist dies aus zeitlichen Gründen nicht möglich, tragen Sie ihn den Rest der Strecke. Als Faustregel gilt: Lieber öfter Gassi, aber kürzer. Also gerne fünfmal am Tag für 10 Minuten eine Runde drehen als dem Welpen einen einstündigen Spaziergang zuzumuten. Längere Spaziergänge eignen sich erst, wenn er ausgewachsen ist. Und das dauert je nach Hund unterschiedlich lange. Bei großen Hunden kann es sich bis zu 24 Monate hinziehen.

Erwachsene Hunde freuen sich, je nach körperlichem Zustand, über sehr viel Bewegung. Die meisten Hundebesitzer planen täglich eine große und zwei kleinere Gassirunden ein. Ausschlaggebend ist oft, ob ein eigener Garten vorhanden ist. Das ist natürlich ein großer Vorteil – den täglichen Spaziergang ersetzt er aber keineswegs. Denn der Garten ist bald „abgeschnüffelt", also mit der Zeit nicht mehr besonders spannend. Außerdem sieht ein Gartenausflug oft so aus, dass die Terrassentür geöffnet und dem Hund viel Spaß gewünscht wird. Den hat er

alleine aber nur bedingt. Hunde sind Rudeltiere, die zusammen mit anderen etwas erleben möchten. Der Aufenthalt im Garten ist kein gleichwertiger Ersatz für einen gemeinsamen Spaziergang! Ein bis zwei Stunden sollten täglich dafür eingeplant werden. Entscheidend ist die Veranlagung des Hundes: Ein Mops ist sicherlich mit weit weniger zufrieden als Vertreter der Jagdhunderassen.

Nicht nur die Route betreffend, auch während des Spaziergangs selbst sollten Sie für Abwechslung sorgen. Gehen Sie einem Baumstamm also nicht aus dem Weg, sondern lassen Sie Ihren Hund darüber balancieren oder springen. Und wenn Sie möchten, machen Sie es ihm nach – und betrachten ihn dabei – er wird wahrscheinlich begeistert sein. Denn ein Spaziergang soll immer auch ein gemeinsames Erlebnis darstellen, das die Bindung zum Hund festigt.

Aber selbstverständlich muss auch Freilauf möglich sein, wo immer es erlaubt ist. Nutzen Sie jede Gelegenheit für Abwechslung: Ein Bach ist nicht dafür da, um nur angeschaut zu werden. Lassen Sie dem Hund

Volles Programm
Nur nebeneinander hergehen ist
auf Dauer langweilig. Sorgen Sie
für Abwechslung!

den Spaß, mit Vollgas hindurchzuwetzen. Anschließend bleibt immer noch genügend Zeit zum Trocknen – und gegebenenfalls muss eben zu Hause mit einem Handtuch etwas nachgeholfen werden. Sehr gesund ist auch Schwimmen, vor allem für Hunde, die nicht mehr gar so gut zu Fuß unterwegs sind.

Eins sollten Sie bei all dem Spaß, den ein gemeinsamer Spaziergang machen soll, aber nicht vergessen: Sie müssen die Kontrolle behalten! Kaum etwas ist unangenehmer als ein unkontrolliert auf einen zustürmender Hund. Das macht vielen Leuten Angst und zeugt obendrein von schlechter Hundeerziehung. Es gibt große Unterschiede, inwieweit ein Hund untergeordnet wird

bzw. „einfach gehorcht", weil es sich um ein gut funktionierendes Mensch-Hund-Gespann handelt. Sie geben Ihrem Hund Führung, sagen, wo es lang geht, wann Schnüffelpausen eingelegt werden und wann der gemeinsame Spaziergang endet. „Vergisst" der Hund Sie nicht, also ist stets sicher abrufbar, sollten ihm selbstverständlich entsprechende Freiheiten geboten werden. Zwischendurch schadet ein wenig Erziehung aber nicht. Streuen Sie immer wieder das eine oder andere Kommando ein – und belohnen Sie ein erfolgreiches Absolvieren zum Beispiel mit einem Leckerli –, so dass der Hund immer das Gefühl hat, dass es sich jederzeit lohnen kann, in Sichtweite zu bleiben.

Spielerisch lernen
Für Welpen ist es wichtig,
dass sie ausreichend Kontakt
zu anderen Hunden erhalten.

„Komm, spiel mit mir!"

Hunde gehören zu den wenigen Säugetieren, die selbst im Erwachsenenalter noch ausgiebig spielen. Doch ein Spiel hat Regeln, die jeder Hundehalter kennen sollte.

Spielen erfüllt für den Hund unglaublich viele Funktionen. Es dient dem Bewegungstraining und Muskelaufbau, stellt einen wichtigen Faktor für die Sozialisierung dar und dient dem Erlernen von Kommunikation und Rangordnung. Daher sollten Sie Ihrem Welpen bzw. Junghund ausreichend Möglichkeiten bieten, mit gleichaltrigen Hunden spielerisch in Kontakt zu kommen. Fehlt dieser Sozialkontakt in der entscheidenden Phase zwischen dem vierten und achten Monat, kann dies im Erwachsenenalter zu Problemen mit anderen Hunden führen. Denn dann fehlen einfach die Erfahrungen, die Junghunde sich spielerisch zugelegt haben. Sie haben sicher schon selbst zu spüren bekommen, was es bedeutet, wenn Ihr Hund ein wenig

zu arg gezwickt hat, das Spiel nur für einen der beiden lustig war oder Abbruchsignale nicht verstanden wurden.

Ein perfekter Ort zum Sammeln von Erfahrungen sind die Welpen- und Junghundeschule. Für manchen Hundebesitzer mag es einfach nur turbulent aussehen, aber im Spiel wird unglaublich viel gelernt. Gerade noch verfolgt ein Hund den anderen – und in der nächsten Sekunde ist alles umgekehrt: Aus dem Jäger wird der Gejagte. Genau das macht Spielen aus! Es ist jederzeit ein Rollenwechsel möglich, der bei einer echten Konfrontation zweier erwachsener Hunde ausgeschlossen wäre. Im Spiel darf ausprobiert werden, wie sich bestimmte Aktionen anfühlen, was es bedeutet, wenn man die eine oder die andere Rolle einnimmt. Oft kommt es zu völlig übertriebenen Bewegungen, häufigen Wiederholungen und ganz plötzlich zu einem abrupten Ende. Auch das ist für ein Spiel kennzeichnend. Es kann jederzeit beendet werden! Kann sich einer der Hunde „dem Spiel" dagegen nicht mehr entziehen, dann ist es kein Spiel mehr und sollte vom Halter beendet werden.

Ob aus einem Spiel Ernst wird, können Sie gut am Gesichtsausdruck des Hundes erkennen. Beim Spielen hat er einen entspannten mimischen Ausdruck, denn er verfolgt nicht das Ziel, etwas unbedingt erreichen zu wollen. Er hat kein Problem, auch mal die Beute herzugeben und den anderen spielerisch zu verfolgen. Genau das gilt auch beim Spiel von Mensch und Hund. Spielen Sie mit Ihrem Hund, so oft Sie möchten, aber achten Sie darauf, wer die Regeln macht: Natürlich können Sie gelegentlich einer Spielaufforderung Ihres Hundes nachkommen. Aber prinzipiell entscheiden Sie, wann ein Spiel beginnt und vor allem, wann es endet. Setzten Sie ein klares Abbruchsignal und halten Sie dieses konsequent ein.

Es ist allerdings ungünstig, wenn nach dem Spiel Langeweile wartet. Wer hört schon gerne mit einem lustigen Spiel auf, wenn er genau weiß, dass danach nichts mehr kommt? Sinnvoll ist es, ein Spiel nicht an das Ende eines Spaziergangs zu legen bzw. sich anschließend noch in einer anderer Weise mit dem Hund zu beschäftigen.

Beliebt beim Spiel von Mensch und Tier sind sogenannte Zerrspiele, etwa mit einem Stück Seil oder einem Reifen. Das befürwortet nicht jeder Hundetrainer, schließlich besteht die Gefahr, dass der Hund gewinnt und meinen könnte, er stünde in der Rangordnung nun über seinem Halter. Bei Hun-

Faustregeln für Alphatiere

Ballspiele – besser nicht: Ballspiele sind bei manchen Hundebesitzern recht beliebt, doch mit gemeinsamem Spielen haben sie wenig zu tun, wenn der Mensch nur noch als Wurfmaschine fungiert – denn der ganze Spaß findet ja fern vom Hundehalter statt. Auch birgt das Bällewerfen die Gefahr, den Jagdinstinkt des Hundes zu verstärken, so dass er allem hinterherrennt, was sich bewegt. Manche Hunde werden regelrecht süchtig und mutieren zu Balljunkies. Häufige schnelle Kehrtwendungen, wie sie beim Ballspielen gang und gäbe sind, können zudem schlecht für die Gelenke sein. Am besten verzichten Sie gänzlich auf Ballspiele – oder spielen diese nur mit klaren Regeln (siehe „Apportieren", S. 59).

den, die diesbezüglich ein Problem haben, sollte darauf tatsächlich verzichtet werden, bei allen anderen können Zerrspiele grundsätzlich problemlos durchgeführt werden. Schließlich macht es das Spielen ja gerade aus, dass mal der eine, mal der andere gewinnen darf. Das sollte auch Ihr Hund nicht vergessen! Wird das Spiel zum Machtspiel, brechen Sie es ab und gehen weg. Legt Ihr Hund die erfolgreich ergatterte Beute dagegen wieder vor Ihnen ab, ist das ein recht eindeutiges Zeichen dafür, dass es sich auch für ihn um Spielen handelt – „echte Beute" wird schließlich nicht mehr hergegeben.

Gemeinsam aktiv

Für viele Menschen gibt es kaum etwas Schöneres, als gemeinsam mit dem Hund unterwegs zu sein. Achten Sie dabei auf die körperlichen Voraussetzungen und die Fitness Ihres Hundes.

Fahrradfahren, Joggen und Wandern stehen ganz oben auf der Liste der beliebtesten Sportarten, die Mensch und Hund gemeinsam machen können. Viele Menschen gehen davon aus, dass uns Hunde körperlich in allen Belangen überlegen sind. Das mag bei vielen Hunden tatsächlich der Fall sein, gilt aber bei weitem nicht für alle! Ein entscheidender Faktor ist die Körperform: Vor allem auf kurzbeinige und sehr große Hunde muss Rücksicht genommen werden. Zu viel Aktivität schadet auch Hunden mit Atemproblemen (z. B. häufig bei Möpsen) oder wenn gesundheitliche Aspekte eine Rolle spielen (z. B. Hüftgelenkdysplasie). Je ambitionierter Sie selbst sind, umso sinnvoller ist es, erst einmal einen Tierarzt aufsuchen, der den Bewegungsapparat Ihres Hundes kontrolliert und eine spezielle Untersuchung des Herz-Kreislauf-Systems vornehmen kann. Er kann Ihnen gegebenenfalls auch sagen, ob der Hund bereits fertig entwickelt ist, denn sowohl für Welpen als auch für Junghunde ist sportliche Belastung ein absolutes Tabu!

Während der Wachstumsphase kann eine Überbelastung zu einem Fehlwachstum der Knochen führen! Die Folgen können X- oder O-Beinigkeit und verkürzte Gliedmaßen sein. Je nach Rasse und Größe sind die Tiere frühestens nach einem, bei sehr großen Rassen erst nach zwei Jahren ausgewachsen. Wenn Sie sich nicht sicher sind, ob Ihr Hund schon so weit ist, fragen Sie bitte

Zusammen fit
Die meisten Hunde sind begeistert, wenn es zusammen etwas flotter vorangeht.

Ihren Tierarzt. Bis dahin können Sie zwar auch schon mit Ihrem Hund sportlich aktiv werden, aber bitte nur in Maßen. Nehmen Sie Ihren Junghund ruhig gelegentlich auf eine kleine Proberunde mit, damit er die jeweilige Betätigung kennenlernt. Langsam bauen sich dann die entsprechenden Muskeln auf. Mit der Zeit können Sie den Rhythmus und die Dauer stetig steigern.

Joggen und Nordic Walking

Die meisten Hunde finden es toll, wenn es über den normalen Spaziergang hinaus etwas flotter vorangeht. Laufen steckt in ihren Genen, aber gerade beim Joggen im Stadtpark oder durch den Wald sollte dies mit gewissen Regeln ablaufen. Schnell ist es passiert, dass der Hund wild an Ihnen hochspringt oder sich vor lauter Freude gar nicht mehr einkriegt und quer durch Park prescht. Sinnvoll ist es daher, kurze Laufeinheiten erst einmal an der Leine zu üben. So kann der Hund sich an das gleichmäßige Laufen gewöhnen. Ein zehnminütiges Laufen kann für manche Hunde schon eine recht große Herausforderung darstellen.

Passen Sie Ihr Tempo daher dem des Hundes an. Bleibt er hinter Ihnen, könnte dies ein Zeichen dafür sein, dass es ihm zu anstrengend ist. Hechelt er und macht einen erschöpften Eindruck, sollten Sie unbedingt eine Pause einlegen. Während dieser sollten nicht nur Sie etwas trinken, sondern auch Ihr Hund. Gerade in den Sommermonaten besteht die Gefahr der Überhitzung. Dann ist es für Mensch und Hund sinnvoller, morgens oder abends zu trainieren.

> 66 **Vergessen Sie beim Joggen mit Hund nicht die Verschnaufpausen und meiden Sie Asphalt.**

Verfügt Ihr Hund schließlich über die nötige Kondition, kann er auch bis zu einer Stunde mitjoggen. Vergessen Sie aber nicht die Verschnaufpausen und meiden Sie Asphalt. Der kann beim Hund zu Blasen an den Pfoten und im Sommer sogar zu Verbrennungen führen!

„Bei Fuß!"
Beim Radfahren ist es von Vorteil, wenn der Hund das Kommando „Bei Fuß!" beherrscht.

Kaum eine körperliche Anstrengung stellt es für einen Hund dar, wenn er Sie beim Nordic Walking begleitet. Lediglich die Stöcke könnten ihn anfangs etwas verwirren. Legen Sie sie am besten vorher irgendwo in der Wohnung ab, so dass er schon einmal an ihnen schnuppern kann. Oder lassen Sie ihn spaßeshalber darüber springen. Das alles zeigt ihm, dass die Stöcke keine Gefahr für ihn bedeuten. Vielleicht hält er anfangs noch ein wenig Sicherheitsabstand, mit der Zeit wird er sie aber sicherlich akzeptieren.

Der Einsatz der Stöcke beim Nordic Walking bringt jedoch noch ein weiteres Problem mit sich: Sie haben keine Hand mehr frei, um die Leine zu halten, und selbst wenn, würde sie beim Walken eher stören. Deshalb kommt sie eher selten zum Einsatz. Umso wichtiger ist es, dass Ihr Hund Ihnen gehorcht. Denn andere Sportler und Spaziergänger schätzen es meist gar nicht, wenn ein unangeleinter Hund wild auf sie zu gerannt kommt. Nehmen Sie also Rücksicht auf andere und bauen Sie bei Problemen immer wieder kleine Erziehungseinheiten ein.

Radtour mit Hund

Radfahren ist ein ideales Fitnessprogramm für Mensch und Hund. Doch ein Hund kann dabei schnell überfordert sein, denn während wir zwischendurch immer wieder einmal mit Leichtigkeit dahinrollen, muss er ununterbrochen Kraft aufwenden. Es ist also nicht nur besondere Rücksichtnahme geboten, man muss den Hund auch erst einmal an dieses ungewöhnliche Gefährt gewöhnen. Zur Kontaktaufnahme schieben Sie das Rad auf Ihrer rechten Seite. Neben dem Rad befindet sich angeleint Ihr Hund. Diese Position ist wichtig, damit Ihr Hund von Anfang an weiß, dass er auf der vom (Gegen-)Verkehr abgewandten Seite zu laufen hat. Geht er brav neben Ihnen, können Sie aufsteigen und langsam losradeln. Manche Radfahrer verbinden das gleich mit dem Kommando „Fahrrad" oder „Bei Fuß", was dem Hund sagen soll, dass er sich mit leichtem Abstand direkt rechts neben dem Rad halten soll.

Sie haben beim Fahrradfahren die Möglichkeit, den Hund frei laufen zu lassen, ihn an der Leine mitzuführen oder einen soge-

Durst löschen
Im Hochsommer müssen
auch Hunde regelmäßig eine
Trinkgelegenheit erhalten.

nannten Springer zu verwenden. Dieser wird am Fahrrad angebracht und hat den großen Vorteil, dass Sie beide Hände zum Lenken freihaben. Bei der Verwendung einer Leine dürfen Sie diese niemals an das Fahrrad binden oder um das Handgelenk wickeln. Denn auch ein grundsätzlich folgsamer Hund kann mancher Verlockung (z. B. in Form einer Katze) nicht widerstehen und könnte sich ruckartig von Ihnen weg bewegen. Die Verletzungsgefahr für Sie ist dann sehr groß. Die Leine also immer nur locker halten und im Notfall loslassen.

> 66 **Passen Sie Ihr Tempo dem des Hundes an, machen Sie regelmäßige Pausen und nehmen Sie auch für ihn etwas zu trinken mit.**

Am entspanntesten ist die Fahrradtour, wenn der Hund frei neben Ihnen herlaufen kann. Unbedingte Voraussetzung dafür ist allerdings ein folgsamer Hund. Es kommt jedes Jahr zu unzähligen Fahrradunfällen aufgrund von Hunden, die unkontrolliert die Radwege kreuzen. Lassen Sie Ihren Hund also nur frei neben dem Fahrrad laufen, wenn Sie sich seiner Folgsamkeit absolut sicher sind – ansonsten gefährden Sie sich, Ihren Hund und andere!

Neben einem Fahrrad herzulaufen ist auf Dauer anstrengend und nur etwas für „sportliche" Hunde. Und auch bei diesen gilt, sie nicht zu überfordern. Hunde versuchen häufig, sich so lange wie möglich nicht anmerken zu lassen, dass sie kaum mehr folgen können. Denn sie wollen ihr „Rudelmitglied" nicht verlieren. Ganz plötzlich kann es dann zum Zusammenbruch kommen. Passen Sie Ihr Tempo daher dem Ihres Hundes an. Machen Sie regelmäßige Pausen und denken Sie daran, auch für ihn etwas zu trinken mitzunehmen. Und planen Sie Ihre Route so, dass sich möglichst wenige Asphaltstraßen auf ihr befinden. Hier sind sowohl die Boden- wie auch Umgebungstemperatur in den Sommermonaten deutlich heißer.

Gut gerüstet
Wer in die Berge geht, sollte das Halsband gegen ein Brustgeschirr eintauschen.

Mit dem Hund in die Berge

Wer gerne in die Berge geht, möchte seinen Hund natürlich auch dorthin mitnehmen. Und hat der Hund erst einmal verstanden, was für ein Abenteuer auf ihn zukommt, wenn Sie die Bergstiefel bereitstellen, möchte er vermutlich sowieso immer dabei sein. Doch genau wie beim Radfahren sollte auch die geplante Bergtour die Konstitution Ihres Hundes berücksichtigen. Untrainiert kann er keine stundenlange Bergtour absolvieren. Das gilt ganz besonders für kurzbeinige, etwas übergewichtige, kurzschnäuzige oder sehr große Hunde. Sie kommen schneller außer Puste und können Probleme bekommen, wenn sie größere Stufen überwinden müssen. Wenn möglich, heben Sie sie herunter, um ihre Vordergelenke zu schonen.

Wer zum Wandern geht, plant dies meist gut voraus. Vergessen Sie dabei den Hund nicht! Empfehlenswert sind Leine und Geschirr. Ein Halsband ist dagegen ungeeignet, weil der Hund sich daraus leichter befreien kann und zudem der Druck auf den Hals viel größer ist als bei einem Geschirr. Je nachdem, ob bzw. an wie vielen Bächen die Tour vorbei führt, müssen Sie für den Hund entsprechende Wasservorräte mitnehmen. Und nicht nur Sie freuen sich auf einen kleinen Snack während einer wohlverdienten Pause. Diese sollte möglichst immer im Schatten stattfinden, denn Hunde können so gut wie nicht schwitzen! Frühes Aufstehen und eine Route, die genug Schatten bietet, sind daher an heißen Tagen Pflicht. Zudem sollten Sie schroffes Gelände vermeiden, denn hier laufen sich die Hunde die Ballen wund. Und bedenken Sie: Eine einzige Stelle mit einer Steigleiter könnte das Ende Ihrer Tour bedeuten. Außer Sie besitzen einen speziellen Brustgurt, mit dem Sie den Hund an sich schnallen können. Dann sind sogar leichte Klettersteige möglich.

„Bewegung ist gut, aber …"

Yvonne Misof
Tierheilpraktikerin
und Physiothera-
peutin, München

Worauf muss ich bei Welpen achten, welche Arten von Bewegung können ihnen schaden?

Typische Katastrophen sind Treppensteigen, ins Auto springen oder neben dem Fahrrad mitlaufen lassen. Das ist nichts für Welpen, denn es kann Wachstumsstörungen verursachen, die sehr schlecht für den späteren Bewegungsablauf sind.

Kann ich mit einem Welpen schon Gassi gehen – oder sollte ich das sogar? Und wenn ja, was muss ich dabei beachten?

Selbstverständlich sind Spaziergänge möglich, aber besser mehrere kleine über den Tag verteilt, als wenige lange. Denn nach 20 Minuten ist bei vielen bereits Schluss und sie legen sich einfach erschöpft hin. Auf keinen Fall sollte man den Welpen in so einem Fall zum Weitergehen animieren oder sogar hinter sich herziehen! Am besten ist es vielmehr, ihn nach Hause zu tragen oder einfach eine lange Pause einzulegen.

Welche Aspekte sind wichtig, wenn ich mit meinem Hund spiele und vermeiden will, dass er sich dabei verletzt?

Am besten keine zu wilden Spiele spielen und darauf achten, dass ein größerer Hund es beim Raufen oder gegenseitigen Jagen nicht übertreibt. Vieles lässt sich aber einfach nicht vermeiden. Die Kleinen drehen sich ungeschickt und schon kann etwa ein Kreuzbandriss die Folge sein.

Was darf ein Junghund, der noch nicht ausgewachsen ist?

Natürlich mehr als ein Welpe, aber so richtig sportlich aktiv dürfen Hunde tatsächlich erst werden, wenn sie ausgewachsen sind, was je nach Größe ein bis zwei Jahre dauert. Zudem sind nicht alle Rassen für sämtliche Hundesportarten geeignet. Großen Hunden tut zum Beispiel Agility (siehe „Agility", S. 56) mit seinen vielen Hürden nicht gut. Das macht die Gelenke kaputt.

Worauf muss beim Sport allgemein geachtet werden?

Unbedingt vorher aufwärmen, wozu beim Hund aber keine Dehnungsübung oder ähnliches notwendig sind. Einfach nur spazieren gehen und dabei hin und wieder etwas aufdrehen reicht aus. Also nicht von der Wohnzimmercouch über eine Autofahrt direkt in den Hindernisparcours.

Nicht übertreiben!
Übertriebenes Ballspielen ist schädlich für die Gelenke.

Ist „Bälle werfen" ein geeignetes Spiel für meinen Hund oder ist es eher schädlich?

Gelegentlich spricht nichts dagegen, auf Dauer schadet es aber den Gelenken des Hundes. Wer es übertreibt, kann sich auf Arthrose im Alter einstellen.

Können Hunde einen Muskelkater bekommen?

Ja! Daher sollten Trainingseinheiten zum einen langsam gesteigert werden, zum anderen benötigen Hunde auch mal einen Tag Pause, um ausreichend regenerieren zu können. In dieser Zeit baut sich dann auch die neue Muskulatur auf.

Welchen Gefahren sind Sporthunde ausgesetzt?

Wenn der Blick übertrieben auf Leistungssteigerung gerichtet ist, kann es zu Gelenk- und Bänderüberlastungen, Verstauchungen, Zerrungen sowie Pfotenverletzungen kommen. Wird nichts dagegen unternommen, sind irreparable Schäden zu befürchten.

Wann wenden Sie bei Hunden Physiotherapie an?

Zum Beispiel vor der Operation eines Kreuzbandrisses, um die Muskulatur zu lockern. Ich arbeite gerne mit der Matrix-Rhythmus-Therapie. Sie verändert die Zellrhythmik im Bindegewebe und nimmt so den Schmerz. Das ist äußerst entspannend und funktioniert sehr gut bei chronischen Schmerzpatienten.

Ist Schwimmen gesund?

Sehr gesund sogar! Sowohl für etwas übergewichtige oder ältere Hunde als auch nach Sportverletzungen. Weshalb in solchen Fällen oft ein Unterwasserlaufband zum Einsatz kommt. Der Vorteil hierbei ist, dass das Eigengewicht sozusagen nicht mehr vorhanden ist.

Was darf der Hundesenior?

Auf ihn muss besondere Rücksicht genommen werden, vor allem an heißen Tagen. Es hängt auch oft von deren Tagesform ab. Wenn der Hund nicht mag, dann besser weniger Bewegung, das darf aber nicht dazu führen, dass er sich so gut wie gar nicht mehr bewegt. Ein bisschen Animieren schadet nicht.

Volles Programm
Agility lastet einen
Hund sowohl körperlich
als auch geistig aus.

Beliebte Hundesportarten

Hundeschulen bieten ganz unterschiedliche Hundesportarten
an: vom actionreichen Agility und Dogdance bis zum konzen-
trierten Arbeiten beim Obedience oder Spurenlesen.

Agility:
Sport für Hund und Halter

Eine der populärsten Sportarten, die in
kaum einer Hundeschule fehlt, ist das Agility. Dabei sind vor allem Geschwindigkeit
und Geschicklichkeit gefragt. Zwar kommt
es bei diesen Fähigkeiten in erster Linie auf
den Hund an, doch wer schon einmal ein
Agiltiyturnier besucht hat, der weiß, dass
auch der Halter gefordert ist. Denn er muss
neben dem Hund herlaufen und ihn geschickt durch den Parcours manövrieren.
Ziel ist es, die verschiedenen Hindernisse so
schnell und fehlerfrei wie möglich zu meis-
tern. Das erfordert neben einer hervorra-
genden Kommunikation zwischen Mensch
und Hund auch eine sehr gute Kondition
bei beiden.

Aber es muss ja nicht zum Wettkampf
kommen. Die meisten Hundehalter machen
Agility, weil es eine perfekte Kombination
von körperlicher und geistiger Herausforderung für den Hund darstellt. Leider kommt
es nicht für alle in Frage, denn besonders
große und/oder schwere Rassen sollten es
mit Rücksicht auf ihre Gelenke mit dem
Springen nicht übertreiben. Auch geducktes
Kriechen durch einen Tunnel ist für die Gelenke auf Dauer nicht gut.

Für beinahe alle mittelgroßen und kleinen Hunde ist Agility jedoch sehr gut geeignet und bietet viel Abwechslung: Ein Parcours misst in der Regel zwischen 100 und
200 Meter und umfasst 10 bis 20 Hindernisse. Dazu können Hürden, Slalomstangen,
Tunnel, Wippe und Reifen gehören. Je nach

„Und hopp!"
Sehr beliebt beim Dogdancing ist der Sprung durch die Arme.

Größe des Hundes werden die Hindernisse entsprechend hoch eingestellt, so dass die Kleinen nicht überfordert bzw. benachteiligt sind.

Wer frisch anfängt, ist für die nächste Zeit sicher ausreichend beschäftigt, denn es bedarf schon etwas Geduld, dem Hund beizubringen, etwa durch Slalomstangen zu jonglieren. Auch eine Wippe zu überqueren ist beim ersten Mal mit Sicherheit ein komisches Gefühl für einen Hund. Hat er das Prinzip aber erst einmal verstanden, wird er sie wahrscheinlich immer schneller überwinden können.

Doch im Parcours zählt nicht nur Geschwindigkeit – es gibt auch Regeln, wie zum Beispiel die farbig markierten Enden der Wippe, die der Hund mit seinen Pfoten beim Überqueren berühren muss. Zumindest gilt dies bei Wettkämpfen. Und an denen nehmen gar nicht so wenige Agilityliebhaber teil – denn irgendwann reizt es viele einfach, die antrainierten Fähigkeiten gemeinsam mit dem Hund einmal mit anderen zu messen.

Dogdancing:
Der Tanz mit dem Hund

Wer nicht ganz so viel Tempo wünscht, aber dennoch Spaß an Teamarbeit und viel Abwechslung hat, für den könnte Dogdancing genau das Richtige sein. Der große Vorteil daran ist, dass Sie es jederzeit und überall ausüben können, schließlich ist kein Zubehör notwendig. Auch gibt es keine festen Regeln und das Beste daran ist: Jeder Hund kann tanzen! Selbst Hunde mit körperlichem Handicap können gemeinsam mit ihrem menschlichen Partner das Tanzbein schwingen.

Alles was Sie brauchen, ist gute Laune und am besten einen Clicker. Mit dem kleinen Knackfrosch können Sie dem Hund nämlich immer exakt im richtigen Moment mitteilen, dass er gerade eine Übung richtig ausgeführt hat: Anfangs bekommt er bei jedem Klick automatisch auch ein Leckerli. Später weiß er, dass allein das Klicken bedeutet, dass alles passt – und er dann nur noch am Ende einer Übung sein verdientes Leckerli erhält.

„Platz und bleib"
Beim Obedience erhält der Hund auch über größere Entfernung hinweg Kommandos.

Seine Wurzeln hat das Dogdancing im Obedience (siehe rechts), einer Sportart, bei der es um die Unterordnung des Hundes geht. Beim Dogdancing ist alles deutlich lockerer. Hier zählt vor allem die Harmonie zwischen Mensch und Hund, vermischt mit allerlei Kunststücken wie Beinslalom, Rückwärtsgehen, Drehung oder Rolle. Meist werden die Übungen erst einmal ohne Musik einstudiert, bevor schlussendlich eine Choreografie entsteht, die so beeindruckend sein kann, dass sie häufig bei großen Hundeveranstaltungen auf dem Programm steht. Dann lässt sich bestaunen, was ein Team aus Mensch und Hund mit viel Übung alles bewerkstelligen kann – zum Beispiel durch die Arme oder auf den Rücken springen, auf den Hinterbeinen gehen oder Pfötchen heben im Takt der Musik.

Zur Einstudierung der Tricks lernen viele Dogdancer erst einmal den „Handtouch", bei dem der Hund die leere, geöffneten Hand berührt und ihr über eine gewisse Strecke folgt. Sobald dies klappt, können Sie ihm umso leichter zum Beispiel den Slalom durch die Beine beibringen. Ob Sie schluss-

endlich auch eine Musikuntermalung einplanen, bleibt Ihnen überlassen. Wenn ja, lassen Sie sie zunächst nur im Hintergrund laufen und versuchen mit der Zeit, immer mehr einstudierte Elemente dort zu setzen, wo sie Ihrem Gefühl nach am besten passen. Manch einer macht das am liebsten zu Hause und unbeobachtet in den eigenen vier Wänden, andere haben größeren Spaß daran, zusammen mit anderen Hundebesitzern einen Dogdancing-Kurs in einer Hundeschule zu belegen, wo sie immer öfter angeboten werden. Was Ihrem Hund und Ihnen besser liegt, finden Sie am besten selbst heraus!

Obedience:
Die hohe Schule des Gehorsams

Obedience bedeutet Gehorsam, und das ist auch die Voraussetzung für diese Sportart. Gemeint ist damit aber keinesfalls „blinder Gehorsam", es geht vielmehr darum, ohne Drill die unterschiedlichsten Übungen in perfekter Harmonie auszuüben. Wer diese Sportart beherrscht, hat es umso leichter bei vielen anderen Sportarten, schließlich hat

Ihr Hund gelernt, sich nicht nur auf Sie zu konzentrieren, sondern auch Kommandos zuverlässig umzusetzen. Das vereinfacht das Zusammenleben von Hund und Mensch im Alltag enorm.

66 Die hohe Kunst beim Obedience ist es, die Kommandos nicht über den halben Hundeplatz hinweg zu brüllen, sondern nur mit Handzeichen zu arbeiten.

Im Vordergrund steht beim Obedience das exakte und zugleich freudige Ausführen genau festgelegter Übungen. Dazu gehört zum Beispiel perfektes Bei-Fuß-Gehen, Sitz aus der Bewegung heraus oder das Ablegen in einer Gruppe aus mindestens drei Hunden. Besonders anspruchsvoll wird es bei den vielen Übungen, die aus der Distanz absolviert werden. Die hohe Kunst ist es, die Kommandos nicht über den halben Hundeplatz hinweg zu brüllen, sondern mit Handzeichen zu arbeiten. Ein typisches Aufgabenelement ist hierbei die „Box". Damit ist ein Viereck gemeint, das mit Pylonen und einem Band auf dem Boden abgesteckt ist. In dieses wird der Hund über eine Entfernung von zirka 10 Meter hinweg geschickt, muss sich dort ablegen und auf weitere Anweisungen warten. Dazu kann zum Beispiel das Umrunden der Box gemeinsam mit seinem Halter gehören. Der Hund muss dabei stets aufmerksam sein, denn auf Kommando muss er plötzlich bei einer Pylone sitzen bleiben, während sein Halter ohne Verzögerung weitergeht.

Obedience ist für jeden Hund geeignet, denn es kommt weniger auf körperliche Voraussetzungen an, als vielmehr um ein perfektes Zusammenspiel von Hund und Halter. Die Übungen eigenen sich hervorragend zur täglichen Beschäftigung – man kann sich aber auch in Wettkämpfen messen. Es ist beeindruckend zu sehen, wie perfekt manche Hunde arbeiten, beinahe wie von einer Fernsteuerung gelotst. Anspruchsvolle Hunde wie zum Beispiel Border Collies gehen hierbei richtig auf, aber vergessen Sie nicht, genügend Pausen einzulegen, denn Obedience strengt geistig ganz schön an.

Apportieren: Spaß mit Regeln

Beim Apportieren gibt es, anders als bei „wildem" Bällewerfen, klare Regeln. Dazu zählt vor allem, dass der Hund niemals einfach loslaufen darf, sondern ein entsprechendes Kommando abwarten muss. Vor allem apportierfreudigen Rassen wie dem Golden Retriever oder Labrador macht das Bringen von Gegenständen viel Spaß und stellt eine gute Ausgleichsbeschäftigung dar. Denn ihre eigentliche Bestimmung war schließlich das Apportieren von geschossenem Wild. Dieser Aufgabe kommen heute nur noch

Perfekte Auslastung
Besonders für Retriever
ist das Apportieren von
Gegenständen eine sinn-
volle Beschäftigung.

die wenigsten nach, weshalb spielerisches Apportieren ihnen gut tut.

Doch bitte nicht planlos! Ansonsten kann es Ihnen passieren, dass Sie mit der Zeit einen „Balljunkie" heranziehen, der an nichts anderes mehr denken kann, als jedem sich bewegenden Gegenstand instinktiv hinterherzujagen. Stellen Sie klare Regeln beim Apportieren auf – beispielsweise, dass Ihr Hund erst loslaufen darf, wenn der geworfene Gegenstand bereits auf dem Boden aufgekommen ist. So vermeiden Sie zusätzlich die Gefahr, dass Ihr Hund vom fliegenden Gegenstand getroffen und verletzt wird.

Nicht jeder Hund hat gleich Interesse daran, Gegenstände zu apportieren. Manche mögen es einfach nicht, vielleicht klappt es jedoch mit einem Futterdummy. In ihm ist ein Leckerli versteckt, das der Hund erhält, wenn er ihn zurückbringt. Hilfreich ist es, den Hund anfangs an der Leine zu halten, damit er mit der Beute nicht abhaut. Gerade bei einem Welpen dürfen Sie zu Beginn auch noch recht großzügig bei der Beachtung der wichtigsten Regel sein: nämlich dass der Hund den Gegenstand erst apportieren darf, wenn Sie das Kommando geben. Davor sollte er neben Ihnen sitzen oder stehen bleiben! Das sollte der Hund unbedingt lernen, sobald er das Prinzip des Apportierens verstanden hat. Weichen Sie von dieser Regel nicht ab, denn Sie wird Ihnen sehr

Gefahr durch Stöckchen: Wer bei einem Spaziergang kein „Bringsel" dabei hat, greift oft zu einem Stock als Ersatz. Doch das ist nicht ungefährlich – oft ereignen sich Unfälle: Ungeschickt gefangen kann der Hund den Stock in die Kehle gerammt bekommen, immer wieder kommt es auch zu Augenverletzungen. Gerade im Winter besteht zudem die Gefahr, dass das Holz splittert und Verletzungen im Maul verursacht.

nützlich sein, wenn Sie bei einem Spaziergang auf eine Katze oder Wild treffen. Ein Hund, der gelernt hat, einer „Beute" erst hinterherjagen zu dürfen, wenn er das Kommando bekommen hat, wird für Sie ein wesentlich zuverlässiger Begleiter sein.

Nicht nur Dummys oder Bälle können apportiert werden, sondern zum Beispiel auch ein Hundefrisbee. Achten Sie bei der Auswahl auf Qualität, denn billige bzw. ungeeignete Frisbees können vom Hund schnell zerbissen werden, so dass er sich an ihnen verletzt. Komplett ausschließen können Sie dieses Risiko bei Naturgummi-Scheiben. Sie fliegen zwar nicht ganz so gut, schwimmen aber, so dass sie sich gut zum Apportieren aus dem Wasser eignen.

→ Tennisbälle: Als Hundespielzeug ungeeignet

Nylonfasern machen den Filz von Tennisbällen abriebfest und langlebiger. Im Hundemaul wirken sie aber auf Dauer wie feines Sandpapier, vor allem, wenn sich Sand und Schmutz in ihnen festgesetzt haben. Der Zahnschmelz des Hundes kann durch die Reibung mit der Zeit abgeschmirgelt werden. Feine Fasern können sich zusätzlich zwischen Zahn und Zahnfleisch klemmen und schmerzhafte Entzündungen verursachen.

Beim Kauen dünsten ungesunde chemische Weichmacher aus, was die Riechleistung des Tiers über Stunden beeinträchtigen kann. Zerkaut der Hund den Ball und frisst die Gummistücke, können sie zum Darmverschluss führen.

Unser Tipp: Im Zoofachhandel gibt es spezielle Tennisbälle für Hunde mit Filzimitat, der vorwiegend aus Baumwollfasern besteht. Die Bälle sind mit Luft, nicht mit Gas gefüllt. Bei der Herstellung wird auf giftige Stoffe und Kleber verzichtet. Diese Bälle springen auch gut, können schwimmen und sind in der Waschmaschine waschbar. Gut geeignet zum Spielen sind auch Bälle aus Kautschuk oder Gitternetzbälle, in denen sich kaum Sand und Dreck festsetzen können.

Buntes Plastikspielzeug kann gefährlich sein

Hundehalter, die ihre Vierbeiner mit bunten Knochen, Bällen oder quietschenden Tieren aus Kunststoff beglücken, tun ihnen unter Umständen nichts Gutes. Das fand der österreichische Verein für Konsumenteninformation (VKI) in einem Test Ende 2013 heraus. Der VKI testete 18 Produkte aus Plastik, gekauft in Tierhandlungen, Fachgeschäften und Drogeriemärkten. Die Spielsachen waren ohne Ausnahme erheblich mit schädigenden Substanzen belastet. Alle enthielten polyzyklische aromatische Kohlenwasserstoffe (PAK), die in Weichmacherölen oder Rußpigmenten vorkommen.

Einige PAK können Krebs auslösen, das Erbgut verändern und die Fortpflanzungsfähigkeit gefährden. Das deutsche Bundesinstitut für Risikobewertung (BfR) empfiehlt für Gebrauchsgüter einen Grenzwert von 0,2 Milligramm pro Kilogramm. Bei den Hundespielsachen lag der Wert um ein Vielfaches höher, im Extremfall um mehr als das Tausendfache.

> 66 **Beim beliebten Spielen mit dem Holzstöckchen führen hin und wieder Splitter zu Verletzungen am Maul oder Entzündungen im Magen.**

Einige der getesteten Produkte sehen zudem Kinderspielzeug zum Verwechseln ähnlich. So war eine gelbe Plastikente für Hunde von einer Spielzeug-Badeente für Kinder kaum zu unterscheiden. Da Kinder auf karzinogene Stoffe äußerst sensibel reagieren und PAK über Haut und Schleimhäute aufgenommen werden, kann etwa das Anfassen oder Herumkauen auf belastetem Spielzeug auch für Kinder fatale Folgen haben. Mehr als die Hälfte der untersuchten Hundespielwaren enthielt zudem hormonell wirksame Substanzen wie Bisphenol A und Nonylphenol. Letzteres ist in der Europäischen Union seit 2003 nicht mehr zur industriellen Produktion zugelassen.

Sicherer sind Hundespielzeuge aus Naturprodukten, etwa gedrehte Taue und Seile. Beim beliebten Holzstöckchen führen dagegen hin und wieder Splitter zu Verletzungen am Maul oder Entzündungen im Magen.

Suchspiele:
Immer der Nase nach

Hunde riechen um ein Vielfaches besser als wir. Daher ist es für sie das reinste Vergnügen, ihre Nase einzusetzen. Hierfür bieten sich die verschiedensten Möglichkeiten, etwa die Leckerlisuche. Ob drinnen oder draußen: Verteilen Sie einfach zwei, drei Leckerli und beobachten Sie, ob Ihr Hund alle findet. Wenn ja, können Sie die Suche erschweren, indem Sie zum Beispiel nicht nur welche auf dem Boden auslegen, sondern auch etwas erhöht. Lassen Sie den Hund zu Beginn ruhig beim Verstecken zuschauen. Wenn er anschließend zielsicher alle Leckerli einsammelt, können Sie – von ihm unbeobachtet – die nächste Runde starten.

Noch eine Stufe schwieriger wird es schließlich, wenn Sie die kleinen Leckerbissen in ein Tuch oder ein zerknülltes Zeitungspapier einwickeln. Dann genügt es nicht, dass der Hund die Beute findet, er muss auch noch strategisch vorgehen, indem er lernt, etwa ein zusammengerolltes Tuch auseinander zu wickeln. Solche Spiele

Auf Spurensuche
Beim Mantrailing muss der Hund versuchen, der Spur eines Menschen zu folgen.

eignen sich besonders zur kalten Jahreszeit, wenn viel Zeit in der Wohnung verbracht wird. Denken Sie aber immer daran, dass zu viele Leckerli, die Ihr Hund einfach zusätzlich zum normalen Futter bekommt, zu Übergewicht führen können (siehe „Gefahr Übergewicht", S. 41)!

Eine zweite Möglichkeit, die Nase des Hundes zu trainieren, ist die Fährtensuche. Damit die Suche anfangs nicht zu schwer fällt, sollte die Duftspur „unüberriechbar" sein. Das funktioniert gut mit einem durch das Gras gezogenen Würstchen oder Stück Pansen. Lassen Sie Ihren Hund absitzen, ziehen Sie die Spur und legen Sie ein Stück des Leckerbissens aus. Kehren Sie zurück und geben Sie ihm das Kommando zur Suche. Das sollte eigentlich problemlos funktionieren. Von nun an gibt es unzählige Steigerungsmöglichkeiten: Die Spur kann immer länger gezogen werden, den einen oder anderen Richtungswechsel aufweisen oder zwischendurch kurz unterbrochen werden (darauf sollte anfangs lieber verzichtet werden).

Professionelle Züge nimmt die Suche beim sogenannten Mantrailing an, bei dem es nicht mehr um das Aufspüren von Würstchen, sondern einer Person geht. Jeder Mensch hat einen individuellen Geruch, bestehend aus Schweiß, Hormonen und gegebenenfalls Parfüm, Deo o. ä. Viele Hunde sind noch Stunden oder Tage nach einer Begegnung in der Lage, dieser unsichtbaren Duftspur zu folgen.

Für das Training benötigen Sie eine Zielperson, die der Hund kennen sollte und die (für den Hund nicht sichtbar!) schlurfend durch halbhohes Gras geht und sich versteckt. Der Hund bekommt dann zum Beispiel ein T-Shirt der Zielperson zu riechen und das Kommando „Such". Wichtig sind erst einmal der Erfolg und viel Lob bei erfolgreicher Suche. Nach und nach lässt sich der Schwierigkeitsgrad dann erhöhen, etwa indem sich die Zielperson immer weiter entfernt, einen Zickzack-Kurs einschlägt oder – statt durchs Gras zu schlurfen – große Schritte macht.

Die Pflege des Hundes

Die regelmäßige Pflege Ihres Hundes ist weit mehr als Kosmetik! Sie ist einer der Grundpfeiler, um Krankheiten frühzeitig zu erkennen und ihnen entgegenzuwirken.

Gerade unerfahrenen Hundehaltern ist oft noch nicht bewusst, wie wichtig die Pflege des Hundes tatsächlich ist. Denn es geht dabei nicht darum, welcher Hund der schönste ist. Regelmäßige Pflege gehört neben Ernährung, Bewegung und Beschäftigung Ihres Hundes zu den wichtigsten Voraussetzungen zur Gesunderhaltung Ihres Vierbeiners. Deshalb sollte damit so früh wie möglich begonnen werden, am besten bereits im Welpenalter.

Zeigen Sie Ihrem neuen Mitbewohner, dass regelmäßiges Kämmen und Bürsten von nun an zum Alltag gehören. Es soll etwas ganz Natürliches sein, also machen Sie kein großes Aufhebens darum, was ihn stutzig machen könnte. Nehmen Sie sich Zeit dafür, abseits von Hektik und Alltagsstress. Dann wird der Hund die Pflegemaßnahmen nicht als Strafaktion, sondern als Annehmlichkeit empfinden.

Wenn Hunde es gewohnt sind, an allen Körperstellen problemlos berührt zu werden, kann die regelmäßige Pflege sogar zur reinsten Wohlfühlmassage werden. Und Sie können sich sicher sein: Auch Ihr Tierarzt freut sich, wenn er einen Vierbeiner behandeln darf, der nicht bereits bei der ersten Berührung zu knurren anfängt. Außerdem wird er es zu schätzen wissen, wenn Sie bei Krankheitssymptomen frühzeitig bei ihm vorsprechen.

Pflege von Haut und Haaren

Das Fell und die Haut sind Spiegel der Gesundheit des Hundes. Wenn Sie diese ausreichend pflegen und ihren Zustand im Auge behalten, können Sie viele Krankheiten frühzeitig erkennen.

Das Fell und die Haut des Hundes dienen als Barrieren gegen Hitze, Kälte und Verletzungen. Sie halten Parasiten, Bakterien und Pilze ab. Aber nur, wenn sie intakt sind! Neben der richtigen Ernährung ist dafür vor allem die Fellpflege verantwortlich. Von allein macht sie sich nicht, so viel muss jedem Hundebesitzer klar sein. Der Aufwand ist je nach Rasse bzw. Felltyp unterschiedlich: Glücklich können sich jene schätzen, die einen Hund mit gelocktem Fell besitzen (z. B. Pudel, Bichon Frisé, Labradoodle, Wasserhunde). Während so gut wie alle anderen Hundebesitzer im Frühjahr und Herbst während des Fellwechsels die Hände über dem Kopf zusammenschlagen, sehen sie dieser Zeit gelassen entgegen. Schließlich verlieren lockige Hunde so gut wie keine Haare! Dementspechend bevorzugt werden sie von Menschen mit einer Hundehaarallergie. Ein häufiger Irrglaube ist allerdings, dass Pudel & Co. gar keinem Haarwechsel unterliegen würden. Es ist vielmehr so, dass die Haare bei den betreffenden Rassen das ganze Jahr über nachwachsen, aufgrund des lockigen Fells aber nicht zu Boden fallen. Damit das Fell nicht verfilzt, sind sowohl regelmäßiges Bürsten als auch gelegentliches Scheren notwendig. Wer sich nicht – z. B. vom Züchter – hat zeigen lassen, wie das geht, besucht dafür besser einen Hundefriseur. Das hat nichts damit zu tun, dass man eine extravagante Frisur für den eigenen Hund wünscht, sondern stellt einen wichtigen Beitrag zur Gesunderhaltung des Tieres dar.

Der Hund in der Badewanne? Für viele nur eine Maßnahme für den Notfall. Der Münchener Hundefriseur Childrik Lennartz sieht das anders: „Wer keine aggressiven Shampoos verwendet, sondern spezielle, zur jeweiligen Haarstruktur passende Präparate, kann den Hund dann baden, wann er es für notwendig hält." Für ihn ist es selbstverständlich, dass jeder langhaarige „Kunde" erst einmal unter die Dusche kommt.

Ab in die Dusche
Um einen verdreckten Hund zu säubern, genügt meist pures Wasser.

Durch Züchtungen sind nicht nur die verschiedensten Hunde, sondern auch die unterschiedlichsten Felltypen entstanden. Neben den „Lockenhunden" gibt es die kurz-, lang- und rauhaarigen Hunde. Diese Bezeichnungen beziehen sich allerdings nur auf das Deckhaar – was die Unterwolle betrifft, gibt es große Unterschiede.

66 Wie lange sich der Fellwechsel hinzieht und wie stark er ist, hängt nicht nur von der Rasse, sondern auch vom Alter und anderen individuellen Eigenschaften ab.

Und die können es in sich haben, wie jeder Besitzer eines Hundes mit dichtem Unterfell (z. B. Spitz, Bobtail) spätestens im Frühjahr bestätigen wird. Tütenweise kann (und muss) das Fell dann ausgebürstet werden. Für einen Zeitraum von sechs bis acht Wochen herrscht Ausnahmezustand. Wie lange

sich der Fellwechsel hinzieht und wie stark er ausgeprägt ist, hängt nicht nur von der Rasse, sondern auch vom Alter und anderen individuellen Eigenschaften Ihres Hundes ab. Bei jungen Tieren vollzieht er sich meist schneller als bei älteren. Mit etwas Glück ist innerhalb von vier Wochen alles überstanden, es kann sich aber auch bis zu zwölf Wochen hinziehen.

Langhaarige Hunde

Besonders bei langhaarigen Hunden mit dichter Unterwolle ist es wichtig, sie während des Fellwechsels täglich zu kämmen und zu bürsten. Es erleichtert den Hunden den Fellwechsel sehr, weil die Haut dadurch besser durchblutet und gleichzeitig Platz für neues Haar geschaffen wird. Abgestorbene Haare jucken und können eine große Belastung darstellen, die nicht zu unterschätzen ist! Der Organismus des Hundes wird während des Haarwechsels deutlich stärker beansprucht, was sogar zu einem Mangel bestimmter Nährstoffe führen kann. In Absprache mit Ihrem Tierarzt können Sie einen vorübergehenden Mangel durch Nah-

Große Auswahl
Je nach Felltyp werden
die unterschiedlichsten
Bürsten und Kämme
benötigt.

rungsergänzungsmittel ausgleichen: Zur Stärkung der Hautstruktur können unter anderem Zink (Erneuerung der obersten Hautschicht), ungesättigte Fettsäuren (Elastizität der Haut) und Vitamin A (Produktion von Hauttalg) in Frage kommen. Für gesundes, glänzendes Fell sorgen Proteine und Linolsäure. Vielleicht empfiehlt Ihnen Ihr Tierarzt eine Biotin-Kur – sie reduziert das Austrocknen der Haut und unterstützt das Nachwachsen des Fells.

Bei den meisten Hunden funktioniert der Fellwechsel problemlos. Sollten Sie jedoch bemerken, dass er sich unnatürlich lange hinzieht, vermehrt Schuppen zu sehen sind, das Fell stumpf aussieht oder kah-

le Stellen auftreten, kontaktieren Sie rechtzeitig Ihren Tierarzt. Vielleicht handelt es sich um einen oben beschriebenen Nährstoffmangel, vielleicht haben sich auch unbemerkt Parasiten eingenistet. Leicht zu übersehen sind diese bei langhaarigen Hunden, weshalb bei diesen die Fellpflege besonders gründlich sein sollte.

Auch außerhalb des Fellwechsels muss regelmäßig gründlich gebürstet werden: Bei seidigem Haar, wie es Malteser und Afghanen besitzen, am besten täglich, damit sich keine Verfilzungen und Haarknoten bilden. Passiert das doch, müssen diese mit den Fingern gelöst und vorsichtig ausgebürstet werden. Gelingt dies nicht, können Sie ein

Es gibt zwei Extreme: Nackthunde, deren Haut sehr empfindlich sein kann und immer wieder mit einem feuchten Lappen gesäubert und anschließend eingecremt werden sollte. Es besteht erhöhte Gefahr eines Sonnenbrands – ganz im Gegenteil zu rastalockigen Hunden wie Puli und Komondor. Sie müssen weder gekämmt noch gebürstet werden. Lediglich verfilzte Haarsträhnen sind mit den Fingern auseinanderzuzupfen.

Spezialwerkzeug
In Hundesalons gehören Furminator (links) und Trimmmesser zur Grundausstattung.

Entfilzungsspray einsetzen oder die betroffenen Haare kurzerhand abschneiden.

Kurzhaarige Hunde

Freuen Sie sich nicht zu früh, wenn Sie sich für einen kurzhaarigen Hund entschieden haben (z. B. Whippet, Rhodesian Ridgeback). Zwar ist die reine Fellmasse geringer, kurze Haare haften jedoch oft besonders unangenehm an Teppichen und Polstern. Regelmäßige Fellpflege ist also in doppeltem Sinn wichtig. Einmal, um nicht so oft staubsaugen zu müssen, aber auch zur Gesunderhaltung des Hundes. Hundefriseur Childrik Lennartz erklärt: „Gerade bei kurzem Haar ist es wichtig, dass es eng und geschlossen anliegt, damit es seine Schutzfunktion optimal erfüllen kann." Um das zu gewährleisten, muss vor allem ein Auge auf kurzhaarige Hunde mit dichterem Unterfell gelegt werden, wie es zum Beispiel beim Labrador der Fall ist. Die Erfahrungen von Childrik Lennartz zeigen allerdings, dass die Rasse allein nicht entscheidend ist: „Eine feste Regel, wann Kurzhaarhunde auszubürsten sind, gibt es nicht. Das ist nicht nur von ei-

ner Rasse zur anderen unterschiedlich, sondern hängt auch von der Veranlagung des jeweiligen Tiers ab." Seine Empfehlung lautet, zum Ausbürsten erst einen Gummistriegel zu verwenden und anschließend das Fell mit einem Pflegehandschuh abzuwischen. Abgestorbene Haare werden so aus dem Fell gezogen und der Hauttalg gut verteilt, wodurch das Fell schön glänzt. Er selbst verwendet gerne einen sogenannten Furminator. Die eng anliegenden Zinken dieses Geräts ziehen lose Haare perfekt aus dem Fell, doch der Hundefriseur warnt: „Keinesfalls darf zu viel Druck ausgeübt werden. Das Eigengewicht des Furminators ist im Prinzip ausreichend."

Rauhaarige Hunde

Rauhaarige Hunde sollten nicht nur gelegentlich gebürstet werden, auf sie kommt außerdem etwa alle zwölf Wochen auch das Trimmen zu. Dabei werden mit einem (stumpfen) Trimmmesser die toten Haare aus dem Fell gezupft. In welchem Abstand und Umfang (manche ganz, manche nur partiell) diese Prozedur im Einzelnen notwendig ist, hängt von der Wachstumsgeschwindigkeit und Beschaffenheit der Haare ab. Rauhaardackel und West Highland Terrier haben zum Beispiel relativ glattes Haar, während Deutsch Drahthaar und Foxterrier typische Vertreter harthaariger Rassen darstellen. Trotz der etwas unterschiedlichen Felltypen ist die Pflege relativ ähnlich: Bürsten und striegeln Sie Ihren Hund

Faustregeln für Alphatiere

Gründlich ausbürsten! Oberflächliches Kämmen geht schnell und unkompliziert. Entscheidend ist bei langhaarigen Hunden jedoch auch, die losen Unterwollhaare auszubürsten. Nur so kommt genug Luft an die Haut und es entsteht Platz für neue Haare. Arbeiten Sie sich von vorn nach hinten durch das Fell und achten Sie besonders auf Stellen, die aufgrund der Reibung beim Bewegen schnell verfilzen können (unter den Ohren, zwischen den Schenkeln). Ideal ist die Kombination aus Kamm (mit abgerundeten Spitzen) und Striegel oder Bürste.

mehrmals wöchentlich. Abgestorbenes Haar können Sie zusätzlich mit den Fingern auszupfen. Hundefriseur Childrik Lennartz weist jedoch darauf hin, dass das Trimmen alleine damit nicht ersetzt werden kann: „Empfehlenswert ist eine in gleichmäßigen Abständen durchgeführte sorgfältige Arbeit mit dem Trimmmesser." Wer sein Handwerk versteht, bei dem muss der Hund auch nicht befürchten, dass es ständig zupft. Schließlich sollen beim Trimmen nur die toten Haare entfernt werden, die noch lose in der Haut stecken. Mit der Bürste sind sie schwer zu kriegen, mit dem Trimmesser dagegen schon.

Trimmen ist nicht jedermanns Sache, aber man kann es lernen. Fragen Sie einen Züchter oder Besitzer eines rauhaarigen Hundes, ob er es Ihnen beibringen kann. Oder machen Sie es sich einfach und gehen zu einem Hundefriseur. Er sorgt dafür, dass der Hund wieder in neuem Glanz erstrahlt, denn durch das Auszupfen der toten Haare verschwindet der oftmals nach einiger Zeit sichtbare Grauschleier im Fell. Waschen ist dazu nicht notwendig – im Gegenteil: Zum einen ist das Haar griffiger, wenn es vor dem Trimmen nicht gewaschen wurde, zum anderen könnte die Verwendung eines „falschen", öligen Shampoos dazu führen, dass die natürliche Schutzschicht des Fells angegriffen wird.

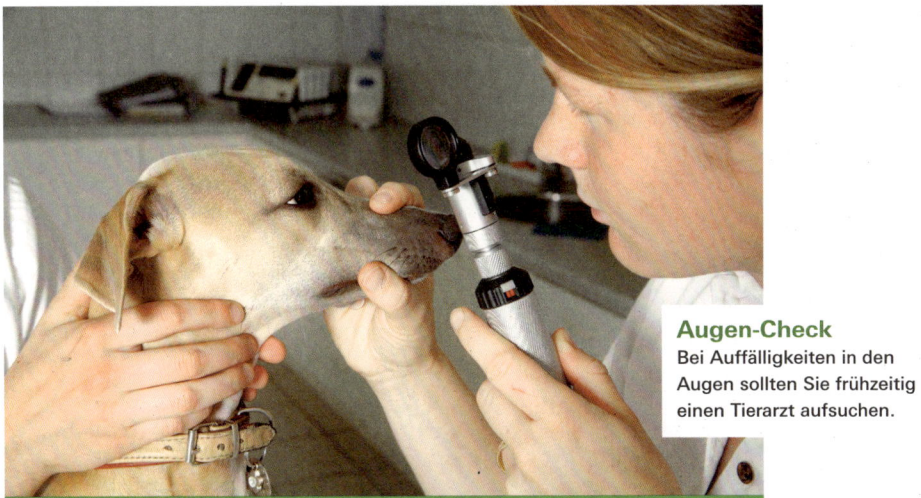

Augen-Check
Bei Auffälligkeiten in den Augen sollten Sie frühzeitig einen Tierarzt aufsuchen.

Die Körperpflege des Hundes

Fellpflege allein genügt nicht – auch um Augen, Ohren, Zähne, Krallen und Pfoten müssen Sie sich kümmern.

Die Augen eines Hundes können Ihnen viel über seinen Gesundheitszustand erzählen. Kontrollieren Sie sie daher am besten täglich. Sind sie sauber und klar, ist keine Pflege notwendig. Krusten in den Augenwinkeln sollten Sie hingegen mit dem Finger oder einem Kosmetiktuch vorsichtig entfernen. Gelingt dies nicht auf Anhieb, benutzen Sie ein angefeuchtetes, fusselfreies Tuch. Normales Wasser genügt im Allgemeinen – ist der Hund recht anfällig für „Schlaf" in den Augen, können Sie pflanzliche Augentropfen (z. B. mit dem Wirkstoff Euphrasia) verwenden. Ungeeignet sind Kamillenbäder, die zu Reizungen der Augen führen können. Stellen Sie vermehrten Tränenfluss, gerötete Bindehäute, Schwellungen oder eine Trübung im Auge fest, sollten Sie dies von einem Tierarzt begutachten lassen. Eine Linsentrübung mag viele erschrecken, ist aber oft nicht so schlimm, wie sie aussehen mag. Meist handelt es sich um eine altersbedingte Erkrankung, die für den Hund eine langsam nachlassende Sehkraft bedeutet. Aufgrund der hervorragend ausgeprägten anderen Sinne stellt dies aber erst einmal keinerlei Einschränkung für sie dar. Ihr Tierarzt kann Sie beraten, ob eine Operation sinnvoll ist bzw. welche Medikamente hilfreich sind.

Pflege der Ohren

Sie können bei Hunden ganz unterschiedlich gestaltet sein: Von kleinen Stehohren bis zu ellenlangen Schlappohren gibt es so ziemlich alles. Zwar besteht bei Stehohren eine deutlich höhere Gefahr, dass sich der Hund auf Erkundungstour einen Fremdkör-

HÄTTEN SIE'S GEWUSST?

Bei einigen Rassen (Pudel, Terrier u. a.) gehört der regelmäßige **Besuch beim Hundefriseur** zum festen Ritual.

Dabei muss man mit Kosten zwischen 30 und 120 Euro rechnen – in der Regel gilt: je kleiner der Hund, desto günstiger der Friseurbesuch.

Ist der Hund verfilzt, erheben viele Hundefriseure einen Aufschlag, der sich am zusätzlichen Zeitaufwand bemisst (ca. 35 Euro/Stunde).

Wer nicht das Komplettprogramm benötigt, kann auch nur Krallen schneiden (ca. 8 Euro), Ohren säubern (6 – 8 Euro) oder Zahnstein entfernen lassen (ab 2 Euro pro Zahn) oder zur Augenpflege kommen (ca. 7 Euro).

Möchten Sie lernen, wie Sie Ihren Hund selbst scheren können? Viele Hundefriseure bieten ab zirka 100 Euro einen Hundescherkurs an.

per einfängt, weit häufiger treten jedoch Probleme mit Hängeohren auf. Sie sind schlecht durchlüftet und bieten ein hervorragendes Mikroklima für Parasiten, Bakterien und Pilze. Nehmen Sie die Hängeohren Ihres Hundes also unbedingt regelmäßig unter die Lupe, denn eine verschleppte Infektion oder ein unbehandelter Parasitenbefall kann einen Gehörschaden verursachen.

Sind die Ohren sauber und riechen nicht, müssen Sie nichts machen. Ein wenig Ohrenschmalz ist völlig normal, tritt er vermehrt auf, sollte er vorsichtig entfernt werden. Ungeeignet ist hierfür ein Ohrstäbchen, da damit Schmutz und Ohrenschmalz leicht tiefer in den Gehörgang geschoben werden. Den äußeren Bereich des Gehörgangs reinigen Sie idealerweise mit einem weichen, leicht feuchten Baumwolltuch. Sitzt der Schmutz tiefer, empfiehlt sich ein spezielles Ohrpflegemittel für Hunde. Es wird ins Ohr geträufelt, sanft einmassiert und gelangt so in die tieferen Bereiche des Ohrs. Die Reinigung erfolgt dann „automatisch".

Versuchen Sie nicht, Verunreinigungen des Innenohrs zu entfernen – das ist Aufgabe des Tierarztes! Dieser kann gegebenenfalls auch Haare im Ohr entfernen. Ein paar wenige sind dort zwar kein Problem, zu viele können dagegen den Gehörgang des Tieres verstopfen. Manche Hundehalter übertragen das Auszupfen solcher Haare auch einem Hundefriseur, andere legen selbst

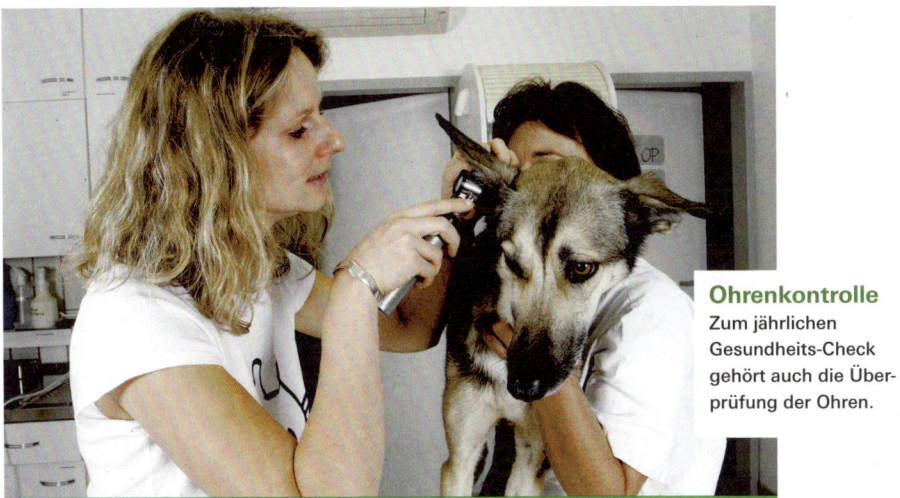

Hand an – je nachdem, ob man sich die Pro-zedur grundsätzlich selbst zutraut und wie umgänglich der Hund ist. Sollten Sie die Haare selbst entfernen wollen, benutzen Sie dafür eine Pinzette oder eine sogenannte Rupfklemme. Wie auch bei uns Menschen ist diese Prozedur nicht wirklich schmerz-haft, so richtig lustig wird Ihr Hund sie aber wahrscheinlich nicht finden.

→ Ohrenentzündungen erkennen

Leidet Ihr Hund unter einer Ohren-entzündung, macht sich dies meist auch äußerlich bemerkbar: Achten Sie darauf, ob er sich auffällig oft am Ohr kratzt, berührungsempfindlich ist, den Kopf schief hält oder ihn übermäßig häufig schüttelt.

Sowohl bei diesen Anzeichen als auch bei dunklen Ablagerungen im Ohr, Schwellungen, Rötungen oder üblem Geruch sollten Sie dringend einen Tierarzt aufsuchen, damit die Entzündung nicht chronisch wird.

Zahnpflege

Die Zähne unserer Hunde erhalten oft nicht die Pflege, die sie benötigen. Folglich zählen Probleme rund um das Gebiss zu den häu-figsten Fällen in Tierarztpraxen! Meist han-delt es sich um Zahnstein oder Zahnfleisch-entzündungen. Bemerkbar machen diese sich zum Beispiel durch Mundgeruch, Zahn-belag, Rötungen, Zahnfleischbluten oder ab-gebrochene bzw. ausgefallene Zähne.

Damit es so weit erst gar nicht kommt, ist eine regelmäßige Zahnpflege unumgäng-lich. Auch wenn es für viele ungewöhnlich klingen mag: Die beste Vorbeugung stellt auch beim Hund regelmäßiges und gründli-ches Zähneputzen dar! So werden Zahnbe-lag und der daraus resultierende Zahnstein bzw. Parodontose am wirksamsten be-kämpft. Benutzen Sie aber weder Ihre aus-rangierte Zahnbürste noch eine für den menschlichen Gebrauch vorgesehene Zahn-pasta, sondern speziell für den Hund vorge-sehene Utensilien aus dem Zoofachhandel. Ideal ist es, wenn Sie mit dem Zähneputzen auf spielerische Art und Weise bereits im Welpenalter beginnen. Dann kennt Ihr

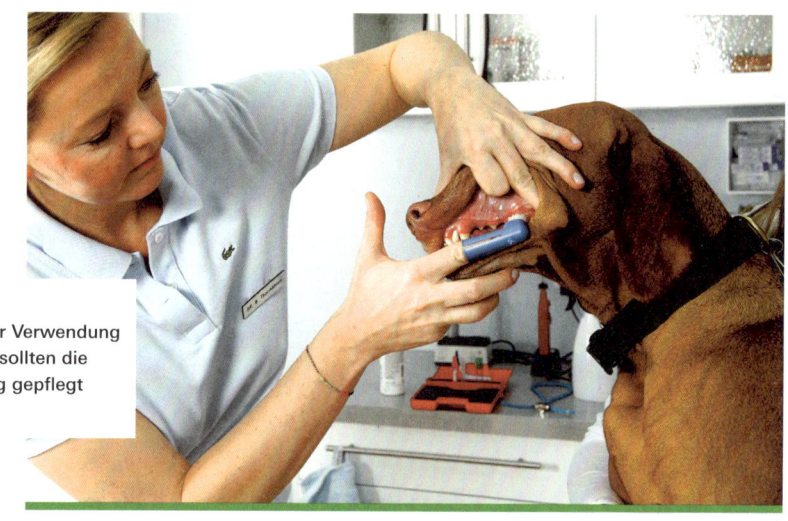

Zahnpflege
Besonders bei der Verwendung von Feuchtfutter sollten die Zähne regelmäßig gepflegt werden.

Hund die Prozedur schon, wenn sie im Erwachsenenalter zur Regelmäßigkeit wird – was unbedingt der Fall sein sollte.

Wie oft Sie Ihrem Hund die Zähne putzen sollten, hängt von mehreren Faktoren ab: Zum einen kann die Anfälligkeit der Zähne für verschiedene Beschwerden – wie bei uns Menschen – genetisch bedingt sein. Auch die Zahnstellung spielt eine Rolle, ebenso wie die Speichelproduktion. Unmittelbar entscheidend ist zudem die Ernährung! Feuchtfutter sorgt für keinerlei Abtrieb der Zähne – Trockenfutter ist hier klar im Vorteil. Geeignet sind aber auch Kausticks, Büffelhautknochen oder spezielles Kauspielzeug. Eine gute Alternative dazu stellen auch Zahnpflege-Gels dar, die auf die Zähne aufgetragen werden, oder spezielle Mundspülungen, die einfach dem Trinkwasser zugesetzt werden können.

Krallen und Pfoten

Auch die Krallen und Pfoten unserer Hunde sollten einem regelmäßigen Check unterzogen werden. Meist findet dieser nur statt, wenn der Hund sichtbar humpelt oder sich im Winter aufgrund von Schneeklumpen zwischen den Zehen nur noch mühsam fortbewegen kann. Besser ist es, auch die Pfoten in den regelmäßigen Gesamtcheck des Hundes mit einzubeziehen, schließlich sind sie täglich allerlei Gefahren ausgesetzt: Glassplitter, harte Grannen, kleine Schotterstücke und andere Fremdkörper können sich zwischen den Ballen festsetzen. Scherben, Dornen und scharfe Gegenstände auf dem Boden können für Schnittverletzungen sorgen.

Und sowohl sehr kalte wie auch heiße Untergründe können dazu führen, dass die Ballen stark in Mitleidenschaft gezogen werden. Das gilt insbesondere im Winter, wenn auf Straßen und Gehwegen Streusalz zum Einsatz kommt. Nach dem Ausflug ins Freie sollten Sie die Pfoten Ihres Vierbeiners mit lauwarmem Wasser abduschen. Schauen die Ballen recht ramponiert oder rissig aus, hilft eine spezielle Hundepfotencreme, Vaseline oder Melkfett.

Mindestens einmal im Monat sollten Sie die Krallen genau begutachten. Macht es bereits Klackgeräusche, wenn der Hund über den Küchenboden spaziert, dann wissen Sie, dass das Krallenschneiden überfällig ist. Denn die Krallen sollten beim stehenden Hund den Boden nicht oder nur ganz wenig berühren. Ansonsten wird der Druck auf das Krallenbett zu hoch und es kann zu einer Spreizung der Zehen kommen. Zudem wächst die Gefahr, dass der Hund irgendwo hängen bleibt und sich eine Kralle teilweise oder ganz abreißt.

> **" Wie oft das Schneiden der Krallen notwendig ist hängt vor allem davon ab, wo der Hund häufig unterwegs ist.**

Wie oft das Schneiden der Krallen notwendig ist hängt vor allem davon ab, wo der Hund häufig unterwegs ist: Stadthunde, die sich viel auf Asphalt fortbewegen, haben in der Regel stärker abgenutzte Krallen als Land- oder Schoßhunde. Das soll jedoch keine Aufforderung sein, mit dem Hund so oft wie möglich über Asphalt zu gehen, denn das ist für die Gelenke wiederum nicht besonders gut. Besser ist es, die Krallen stets rechtzeitig zu schneiden, denn dadurch verhindert man, dass die Nerven und Blutgefäße immer weiter in die Krallen hineinreichen. Das kann im Extremfall dazu führen, dass die Krallen nicht mehr so weit gekürzt werden können, dass sie keinen Bodenkontakt mehr aufweisen.

Übernimmt das Kürzen der Krallen nicht der Tierarzt oder Hundefriseur, dann lassen Sie sich vom Züchter oder einem erfahrenen Hundehalter zeigen, wie es geht. Gerade bei dunklen Krallen muss sehr vorsichtig agiert werden, da die Blutgefäße so gut wie nicht zu erkennen sind. Benutzen Sie keinen Nagelknipser, sondern eine spezielle Krallenzange, und knipsen Sie damit immer nur kleine Stückchen ab. Begutachten Sie nach jedem Schnitt, ob es nicht zu einer Verletzung gekommen ist. Sicherheitshalber sollten Sie ein Stück Mull zur Hand haben.

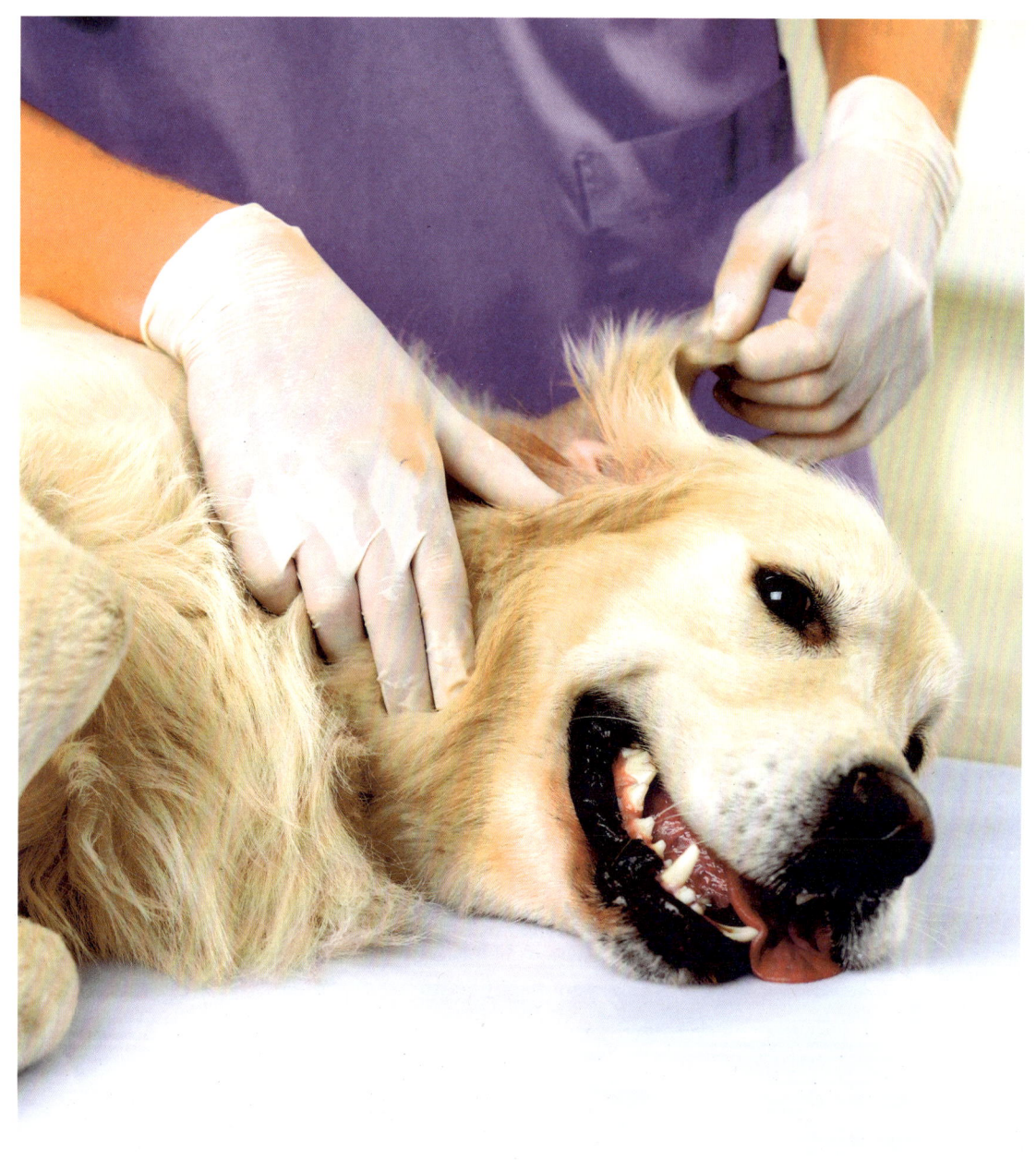

Krankheiten erkennen und behandeln

Die Gesundheit Ihres Hundes liegt Ihnen am Herzen. Achten Sie auf eine ausreichende Grundimmunisierung, Krankheitssymptome und regelmäßige Gesundheits-Checks bei einem sorgsam ausgewählten Tierarzt.

Sind Sie kurz davor, einen Welpen aufzunehmen? Oder sind Sie bereits glücklicher Hundebesitzer? Dann kommen Sie um das Thema Impfungen nicht herum, sind sie doch der Grundstock für ein langes Hundeleben. Viele Krankheiten können durch eine Impfung vermieden werden, bei weitem jedoch nicht alle. Ständige Gefahr geht zum Beispiel von Flöhen und Zecken aus. Mit entsprechenden Mitteln können Sie allerdings die Wahrscheinlichkeit verringern, dass diese sich in der Haut festbeißen. Sicherheitshalber sollten Sie Ihren Hund regelmäßig nach ungebetenen Gästen absu-chen. Vergessen Sie darüber hinaus nicht, stets ein wachsames Auge auf den Gesamtzustand Ihres Hundes zu haben. Sie kennen ihn am besten und bemerken Verhaltensänderungen gegebenenfalls als erster. Diese können eine Reaktion auf Umweltreize sein, allerdings auch erste Anzeichen einer Krankheit. Vielleicht handelt es sich auch um einen akuten Notfall und Sie müssen so schnell wie möglich handeln. In solchen Situationen ist es vor allem wichtig, nicht in Panik zu verfallen, sondern mit Bedacht vorzugehen. Unsere Erste-Hilfe-Tipps am Ende des Kapitels helfen Ihnen dabei.

Einen guten Tierarzt finden

Die Deutschen sind zufrieden mit ihrem Tierarzt. Beachten Sie die folgenden Aspekte, wird es Ihnen auch so gehen!

Die allgemeine Zufriedenheit der deutschen Heimtierbesitzer mit ihren Tierärzten ist durchaus hoch, wie eine Umfrage der Stiftung Warentest aus dem Jahr 2010 gezeigt hat. Auch an der medizinischen Betreuung beim letzten Tierarztbesuch hatte die überwiegende Mehrheit der Befragten nichts auszusetzen. Laut Umfrageergebnis waren durchschnittlich vier von fünf Behandlungsgesprächen klar, verständlich und sehr zufriedenstellend.

Auch empfanden die meisten Befragten den Arztbesuch als eine entspannte Situation, in der sich das Tier wohlgefühlt habe. In einzelnen Fällen gab es allerdings auch Mängel, darunter etwa fehlende Informationen zu Naturheilverfahren oder Nebenwirkungen verabreichter Medikamente oder eine nicht zufriedenstellende Diagnose seitens des Arztes.

Ein weiteres Ergebnis der Umfrage: Bei der Suche nach einem Tierarzt verlässt sich rund jeder Zweite auf Ratschläge und Empfehlungen von Freunden oder Kollegen. Zusätzlich gibt es einige Faktoren, die Ihnen die Suche nach einem guten Tierarzt erleichtern (siehe Checkliste, S. 79).

Die hohen Zufriedenheitswerte hängen möglicherweise auch damit zusammen, dass Tiere immer „Privatpatienten" sind und daher unter Umständen intensiver betreut werden als so mancher menschliche Kassenpatient bei seinem Hausarzt. Im Gegenzug wird man als Kassenpatient, der sonst keine Abrechnungen vorgelegt bekommt, den Gang zum Tierarzt aber auch als teuer empfinden – schließlich sind die Arztkosten vom Tierhalter zu bezahlen, da es für Tiere keine gesetzliche Krankenversicherung gibt. Fast zwei Drittel der Befragten in der eingangs erwähnten Umfrage haben beim letzten Tierarztbesuch bis zu 100 Euro gezahlt, knapp ein Fünftel sogar zwischen 101 und 300 Euro. Teurer wurde es nur selten. Einige der Befragten übten Kritik an mangelnder Kostentransparenz oder der Höhe der Kosten im Allgemeinen. Nicht nachvollziehbare Rechnungen wurden auch als Grund für einen Wechsel zu einem anderen Tierarzt genannt.

Die Kosten sind klar geregelt

Dabei sind den Tierärzten strikte Grenzen bei der Abrechnung ihrer Leistungen gesetzt. Die Gebührenordnung für Tierärzte (GOT) legt für rund 800 Leistungen und Behandlungsschritte bindend fest, welche Summe abgerechnet werden darf. Einen ge-

Diese Zeichen sprechen für einen guten Tierarzt

☐ Erreichbarkeit und Öffnungszeiten der Praxis sind gut mit Ihrem Wohnort und Ihrem Alltag vereinbar – das sagt natürlich nichts über die fachliche Qualität des Tierarztes aus, ist für Sie persönlich aber ein wichtiger Punkt.

☐ Die telefonische Erreichbarkeit der Praxis ist gut, es gibt einen Notdienst außerhalb der Öffnungszeiten und im Notfall macht der Arzt auch Hausbesuche, so dass Sie das kranke Tier nicht transportieren müssen. Tipp: Sollte die Praxis sehr weit entfernt sein, sollten Sie für den Notfall eine Alternative parat haben.

☐ Termine können fest vereinbart werden und die Praxis ist so organisiert, dass Sie im Normalfall nicht länger als eine halbe Stunde warten müssen.

☐ Das Wartezimmer ist angenehm eingerichtet, mindestens aber jederzeit sauber.

☐ Die Praxis ist ausgestattet mit eigenem Labor, Röntgengerät und Ultraschallgerät. So sind Überweisungen an andere Praxen – und damit auch Verzögerungen – überflüssig.

☐ Der Umgang des Arztes und des Praxispersonals mit dem Tier ist gelassen, souverän, respektvoll bis liebevoll.

☐ Der Tierarzt informiert Sie vor der Behandlung sowohl über die vorgeschlagenen Maßnahmen zu Diagnose und Therapie als auch über Behandlungsvarianten und zumindest über die Größenordnung der zu erwartenden Kosten.

☐ Ihre Fragen werden verständlich und ausführlich genug beantwortet.

☐ Sie erhalten umfassende Informationen zu mitgegebenen Medikamenten (wie oft muss es gegeben werden, zu welchem Zeitpunkt, in welcher Dosis u. a.).

☐ Sie erhalten spätestens auf eigenen Wunsch hin eine detaillierte Abrechnung.

wissen Spielraum dürfen die Tierärzte dabei ausschöpfen: Abhängig vom Schwierigkeitsgrad, dem Zeitaufwand oder gegebenenfalls nötigen Nacht- und Notdiensten können sie Gebühren vom einfachen bis zum dreifachen Satz erheben. Vier von fünf befragten Tierhaltern gaben an, die GOT zu kennen.

Fast ebenso viele wussten, dass sie Anspruch auf eine detaillierte Abrechnung haben. Zwar gab eine große Mehrheit an, beim letzten Tierarztbesuch zumindest eine schriftliche Rechnung erhalten zu haben – vor allem ist aber wichtig, dass diese Rechnung nicht nur vollständig, sondern auch nachvollziehbar ist. So werden die Kosten durchschaubar und Sie werden gleichzeitig über gestellte Diagnosen und erfolgte Behandlungen aufgeklärt. Bestehen Sie deshalb bei jedem Tierarztbesuch auf einer vollständig aufgeschlüsselten Rechnung – Sie haben ein Recht darauf. Im Internet finden Sie den Text der GOT unter www.gesetze-im-internet.de mit dem Suchbegriff „GOT".

„Natürliches" Heilen

Naturheilverfahren darf jeder Tierarzt anbieten. Steht jedoch eine Zusatzbezeichnung wie „Homöopathie" oder „Akupunktur" extra auf dem Praxisschild, dann muss er zuvor eine von der jeweiligen Landestierärztekammer anerkannte Weiterbildung absolviert haben. Die Anforderungen sind je nach Bundesland verschieden, in der Regel wird aber eine bestimmte Zahl von Fortbildungsstunden verlangt, meist auch eine erfolgreich absolvierte Prüfung. Wer also auf Nummer sicher gehen will, sollte darauf achten, dass der Tierarzt die Zusatzbezeichnung für das angebotene Naturheilverfahren trägt.

Für Behandlungen mit Naturheilverfahren, die nicht in der GOT aufgeführt sind, gibt es keine vorgeschriebenen Gebührensätze! Lassen Sie sich deshalb im Erstgespräch auch über die voraussichtlichen Kosten aufklären. Im Allgemeinen orientieren sich diese am Zeitaufwand.

Impfempfehlungen für Hunde

Vorbei sind die Zeiten, in denen es routinemäßig jährliche Auffrischungsimpfungen gab. Eine Wiederholungsimpfung sollte nur noch dann erfolgen, wenn diese auch wirklich sinnvoll ist.

Ob Impfgegner oder Impffreund – ein mulmiges Gefühl hat beinahe jeder, der mit seinem Hund zum Impfen geht. Schließlich ist da der unangenehme Gedanke an mögliche Nebenwirkungen. Unzweifelhaft ist, dass diese niemals völlig auszuschließen sind. Doch wie wahrscheinlich sind sie? Welche Nebenwirkungen sind normal? Welche Impfungen sind unbedingt anzuraten und auf welche kann verzichtet werden?

Um Tierärzten diesbezüglich eine Hilfestellung zu geben, gibt es die „Leitlinie zur Impfung von Kleintieren", herausgegeben von der Ständigen Impfkommision Vet. Erarbeitet wurde sie unter Mithilfe von Professor Katrin Hartmann, Vorstand der medizinischen Kleintierklinik der Ludwig-Maximilians-Universität München. Sie erklärt: „Die meisten Impfungen, deren Schutz ein Hund zu jeder Zeit seines Lebens erhalten sollte, bedürfen bei erwachsenen Hunden

Core-Vakzinen (Pflichtimpfungen)

Core-Vakzinen	Grundimmunisierung	Wiederholung
Parvovirose	2 x im Abstand von 3 bis 4 Wochen, dann nach 1 Jahr	Alle 3 Jahre oder nach Antikörpermessung
Staupe	2 x im Abstand von 3 bis 4 Wochen, dann nach 1 Jahr	Alle 3 Jahre oder nach Antikörpermessung
Tollwut	1 x ab 12. Lebenswoche (bei geplantem Auslandsaufenthalt ggf. 2 Impfungen im Abstand von 3 bis 4 Wochen, dann nach 1 Jahr	Nach Herstellerangabe (1 bis 3 Jahre), (laut Tollwut-VO)
Leptospirose	2 x im Abstand von 3 bis 4 Wochen, dann nach 1 Jahr	Alle 12 Monate, möglichst im Frühjahr

keiner jährlichen Auffrischung!" Empfohlen werden die Impfungen gegen Parvovirose und Staupe ab dem 2. Lebensjahr in einem dreijährigen Rhythmus. Die medizinische Kleintierklinik geht sogar noch einen Schritt weiter und empfiehlt eine Wiederholungs-impfung nur nach vorangegangener negativer Antikörperbestimmung. Frau Prof. Hartmann: „Wenn ein Hund noch Antikörper gegen eine bestimmte Virusinfektion besitzt, müssen wir ihn nicht impfen. Vielleicht hält die Impfung drei Jahre, vielleicht sieben,

Non-Core-Vakzinen (Wahlimpfungen)

Non-Core-Vakzinen	Grundimmunisierung	Wiederholung
Hepatitis infectiosa canis	2 x im Abstand von 3 bis 4 Wochen, dann nach 1 Jahr	Bei Bedarf (junge Hunde, viele Hundekontakte, z. B. Hundeschule, Tierheim), alle 3 Jahre oder nach Antikörpermessung
Bordetella bronchiseptica (bakterieller Erreger des Zwingerhustens)	Intranasal: 1 x	Bei Bedarf (junge Hunde, viele Hundekontakte), alle 12 Monate
Parainfluenza (viraler Erreger des Zwingerhustens)	Subkutan: 2 x im Abstand von 3-4 Wochen, dann nach 1 Jahr	Subkutan: bei Bedarf (junge Hunde, viele Hundekontakte, z. B. Hundeschule, Hundesport, Tierheim, Tierpension) alle 3 Jahre
	Intranasal: 1 x	Intranasal: bei Bedarf
Herpes	Nur bei Zuchthündinnen: Während der Läufigkeit oder 7 bis 10 Tage nach Decktermin, dann 1 bis 2 Wochen vor Geburt	Nur während der Zucht
Borreliose	Nicht empfohlen	
Leishmaniose	Bei regelmäßigen Aufenthalten im südl. Ausland, ab 6 Monaten 3 x jeweils nach 3 bis 4 Wochen	

vielleicht sogar ein Leben lang." Um das festzustellen, können mithilfe eines Tests Antikörper bestimmt werden. Praktikabel ist es, beim jährlichen Gesundheits-Check des Hundes gleich eine Blutuntersuchung durchzuführen, die auch die Antikörper-Bestimmung beinhaltet.

Nicht nur hinsichtlich der Häufigkeit von Impfungen haben sich die Empfehlungen geändert, auch hinsichtlich der grundsätzlichen Notwendigkeit. Es gibt eine klare Unterscheidung zwischen Impfungen gegen Krankheiten, gegen die ein Hund zu jeder Zeit geschützt sein sollte (Core-Vakzinen) und Impfungen gegen Krankheiten, gegen die er nur unter besonderen Umständen geschützt sein sollte (Non-Core-Vakzinen). Letzteres kann zum Beispiel bei häufigen Auslandsaufenthalten der Fall sein (siehe Tabelle links).

Die medizinische Kleintierklinik der Ludwig-Maximilians-Universität München gibt folgende Impfempfehlungen bei einer Erstvorstellung eines Hundes im Alter von über 12 Wochen (Grundimmunisierung Welpen siehe unten). Stand: August 2016.

Grundimmunisierung von Welpen

Die Ständige Impfkommission Vet. im Bundesverband praktizierender Tierärzte betont in ihren Empfehlungen ausdrücklich die Notwendigkeit einer umfassenden Grundimmunisierung für alle Welpen in den ersten zwei Lebensjahren. Die Impfungen beginnen ab der 8. Lebenswoche des Welpen.

Lebensalter	Grundimmunisierung
8 Lebenswochen	Hepatitis, Leptospirose, Staupe, Parvovirose
12 Lebenswochen	Hepatitis, Leptospirose, Staupe, Parvovirose, Tollwut
16 Lebenswochen	Hepatitis, Staupe, Parvovirose
15 Lebensmonate	Hepatitis, Leptospirose, Staupe, Parvovirose

Gefahren beim Impfen

Prof. Dr. Katrin Hartmann
Vorstand der medizinischen Kleintierklinik der Ludwig-Maximilians-Universität München

Wie häufig treten Impfnebenwirkungen bei Hunden auf?

Sehr selten – und sie sind meist harmlos. Wenn das Tier etwas schlapp ist, kurzfristig weniger frisst oder eine kleine Schwellung an der Injektionsstelle aufweist, ist das nicht ernst zu nehmen. Diese Symptome sind nicht therapiebedürftig. Im Gegenteil, sie sind meist ein Anzeichen, dass der Hund gut auf die Impfung reagiert. Das haben unsere Untersuchungen im Zusammenhang mit Parvovirose-Impfungen gezeigt.

Welches sind ernst zu nehmende Impfnebenwirkungen?

Gefürchtet ist ein anaphylaktischer Schock, also eine Überempfindlichkeit des Immunsystems, hervorgerufen durch eine schwerwiegende allergische Reaktion. Ein solcher Schock tritt in der Regel bereits kurz nach der Impfung auf, ist lebensbedrohlich und muss sofort behandelt werden.

Wie erkenne ich Anzeichen dafür?

Symptome können Hautschwellungen, Juckreiz, vermehrtes Speicheln, Erbrechen, Durchfall und Koordinationsschwierigkeiten bis hin zur Bewusstlosigkeit sein.

Was kann ich tun, wenn mein Hund eine Impfung nicht gut verträgt?

In einem solchen Fall ist es sehr wichtig, das Impfschema individuell anzupassen. Mithilfe von Antikörpermessungen kann getestet werden, ob bereits ein ausreichender Schutz für bestimmte Krankheiten besteht. Ist dem so, ist keine Impfung notwendig. Sind Wiederholungsimpfungen notwendig, sollten Kombinationsimpfstoffe vermieden und verschiedene Komponenten einzeln geimpft werden. Ein Wechsel des Impfstoffherstellers kann hilfreich sein.

Welche Impfstoffe stellen ein erhöhtes Risiko dar?

Impfstoffe, die viel Antigen enthalten. Auch Kombinationsimpfstoffe haben vermutlich ein höheres Risiko. In diesen sind viele verschiedene Komponenten enthalten, von denen möglicherweise nicht alle unbedingt notwendig sind.

Was halten Sie davon, dass vom Chihuahua bis zur Dogge die gleiche Impfdosis verwendet wird?

Vielleicht wird es irgendwann unterschiedliche Impfdosen geben – momentan bieten Impfstoffhersteller in Deutschland jeweils nur eine Impfdosis an. Untersuchungen ha-

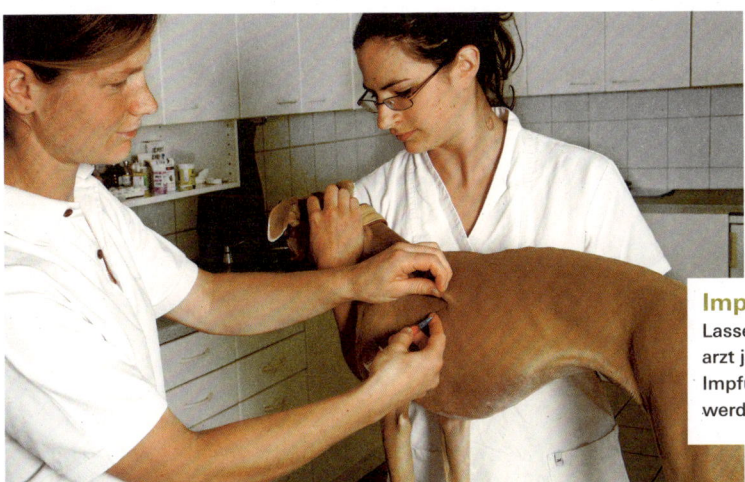

Impfplan
Lassen Sie von Ihrem Tierarzt jährlich überprüfen, ob Impfungen aufgefrischt werden sollten.

ben gezeigt, dass das Körpergewicht durchaus einen Einfluss auf die Impfreaktion haben kann. Kleine Hunde unter 10 Kilogramm sprechen besser auf eine Parvovirose-Impfung an als ihre großen Kollegen, haben aber häufiger Nebenwirkungen. Als mögliche Ursache kommt die im Vergleich zum Körpergewicht höhere Impfdosis in Frage. Ebenso besteht die Möglichkeit, dass sich die Wirkstoffe bei größeren Hunden in den Fettdepots ablagern und dort eine reduzierte Immunreaktion auslösen. Trotzdem darf man auf keinen Fall Impfdosen halbieren. Auch kleine Hunde müssen die volle Impfdosis bekommen.

Können sich Menschen bei Hunden anstecken und anders herum?

Ja, es gibt Infektionen, bei denen sich Menschen an Hunden anstecken können. Wir sprechen dabei von einer „Zoonose" (siehe „Ansteckung zwischen Hund und Mensch", S. 111). Davon gibt es eine Vielzahl, unter anderem Tollwut, Leptospirose, Bandwürmer und Räude. Glücklicherweise sind Viruserkrankungen in der Regel speziesspezifisch und werden nicht übertragen.

Warum empfehlen Sie keine Borreliose-Impfung?

Hier in Bayern hatten zirka 95 Prozent der Hunde schon einmal Kontakt mit Borrelien, sind also infiziert. Klinisch haben sie jedoch keinerlei Probleme. Infektionen kommen häufig vor, Erkrankungen durch Borrelien sind beim Hund aber extrem selten. Dagegen treten nach einer Impfung oft Nebenwirkungen aufgrund sich bildender Immunkomplexe auf.

Sinnvoller als eine Impfung gegen Borreliose ist eine adäquate Zeckenprophylaxe mit repellierenden Halsbändern oder Spot-on-Präparaten. Die Wirkstoffe darin verteilen sich automatisch auf der Haut und wehren so Parasiten ab.

Die Tollwut ist in Deutschland ausgerottet. Warum sollte ich dagegen impfen?

Wer mit seinem Hund niemals verreist, könnte darauf verzichten, denn eine Infektion ist in Deutschland tatsächlich äußerst unwahrscheinlich. Wer jedoch ins Ausland reisen möchte, für den schreibt der Gesetzgeber eine Tollwutimpfung vor.

Die wichtigsten Infektionskrankheiten

Ein Hund kann sich bei den verschiedensten Gelegenheiten mit einer Infektionskrankheit anstecken – die gängigsten listen wir im folgenden Abschnitt auf.

Es gibt eine Vielzahl unterschiedlicher Infektionskrankheiten, die häufig bei Hunden auftreten. Daher sollten Sie entsprechend vorbeugen und in der Lage sein, Krankheitssymptome rechtzeitig zu erkennen. Die folgende Auflistung der häufigsten Krankheiten hilft Ihnen dabei.

Anaplasmose

▶ **Ursache:** Beim Biss einer Zecke (Gemeiner Holzbock) werden Bakterien der Gattung Anaplasma auf den Hund übertragen. Sie befallen die weißen Blutkörperchen und gelangen so in verschiedene Organe.

▶ **Symptome:** Die Infektion verläuft in der Regel „stumm" – es treten also keine Krankheitssymptome auf. Anzeichen einer akuten Krankheit können Fieber, Schlappheit, Bewegungsunlust, blasse Schleimhäute, punktförmige Unterhautblutungen und Gelenkentzündungen sein. Die Behandlung erfolgt durch spezielle Antibiotika.

▶ **Schutz:** Spot-ons, Zeckenhalsband

Babesiose

▶ **Ursache:** Auslöser sind Einzeller, die durch einen Zeckenbiss (Auwaldzecke, Braune Hundezecke) übertragen werden. Sie führen zu einer Zerstörung der roten Blutkörperchen. Eine Behandlung erfolgt mit einem speziellen Medikament gegen Babesien.

▶ **Symptome:** Die manchmal auch als Hundemalaria bezeichnete Krankheit führt zu Blutarmut, manchmal auch Fieber. Entsprechend matt fühlt sich der Hund. Unbehandelt führt die Krankheit nach wenigen Tagen zum Tod des Hundes.

▶ **Schutz:** Spot-ons, Zeckenhalsband

Borreliose

▶ **Ursache:** Beim Biss einer Zecke (Holzbock) werden die Bakterien auf den Hund übertragen.

▶ **Symptome:** Die überwiegende Mehrzahl der Hunde zeigt keine klinischen Symptome. Tritt eine Erkrankung auf, zeichnet sie sich durch Abgeschlagenheit und wechselnde Lahmheit aus.

Die Behandlung erfolgt durch spezielle Antibiotika.
▶ **Schutz:** Spot-ons, Zeckenhalsband

Ehrlichiose

▶ **Ursache:** Die Braune Hundezecke ist Überträger dieser bakteriellen Infektion. Die Zeckenart und damit auch die Krankheit kommen vorwiegend im Mittelmeerraum vor.
▶ **Symptome:** Es kommt zu Blutungsneigung, manchmal Fieberschüben, Abgeschlagenheit und Appetitlosigkeit. Je früher die Erkrankung erkannt und mit entsprechenden Antibiotika bekämpft wird, umso erfolgversprechender ist die Behandlung.
▶ **Schutz:** Spot-ons, Zeckenhalsband

Hepatitis contagiosa canis (HCC)

▶ **Ursache:** Das Virus wird über Maul und Nase aufgenommen. Die Krankheit tritt in Deutschland nicht mehr auf.
▶ **Symptome:** Die Inkubationszeit beträgt nur wenige Tage. Junghunde können an dieser Krankheit sterben. Erwachsene Hunde weisen oft eine entzündete Leber und Blutungen in verschiedenen Organen auf.
▶ **Schutz:** Impfung

Leishmaniose

▶ **Ursache:** Die einzelligen Parasiten werden in südlichen Ländern durch den Stich der Sandmücke übertragen.

Sie können eine überschießende Immunreaktion hervorrufen, die zur Schädigung unterschiedlicher innerer Organe führen kann.
▶ **Symptome:** Die Krankheit bricht oft erst mit einer Verzögerung von mehreren Monaten oder Jahren aus. Viele Patienten entwickeln Hautveränderungen, vergrößerte Lymphknoten und Nierenschäden. Die Behandlung mit speziellen Medikamenten ist langwierig und aufwändig!
▶ **Schutz:** Spot-ons, Anti-Parasiten-Halsband, nachts Einsatz eines Moskitonetzes, keine Spaziergänge in der Dämmerung, Impfung

Leptospirose

▶ **Ursache:** Die Bakterien werden über den Urin infizierter Nagetiere verbreitet. Eine Infektion findet häufig durch Kontakt mit kontaminiertem Gewässer (z. B. warme Pfützen) oder den Verzehr von Nagetieren statt.
▶ **Symptome:** Hunde können schwer erkranken. Sie zeigen dann häufig Apathie, Erbrechen, Gelbsucht und keinen oder zu viel Urinabsatz. Eine Therapie erfolgt durch den Einsatz von Antibiotika und Intensivmaßnahmen (z. B. Dialyse). Eine Überweisung in eine Tierklinik mit Intensivstation ist dringend anzuraten.
▶ **Schutz:** Impfung, stehende Gewässer meiden

Parvovirose (Hundeseuche)

▸ **Ursache:** Die äußerst gefährliche Virusinfektion wird durch Kot übertragen.
Das Virus gelangt so in die Umwelt und
ist dort über ein Jahr überlebensfähig!

▸ **Symptome:** Die Inkubationszeit
beträgt meist nur ein paar Tage. Am
schwersten erkranken junge Hunde.
Symptome sind wässrig-blutiger Durchfall, Erbrechen und ein Abfall der weißen Blutkörperchen. Eine schnelle und
intensive Behandlung kann das Leben
des Hundes retten.

▸ **Schutz:** Impfung

Staupe

▸ **Ursache:** Die Übertragung dieser ge-
fürchteten Virusinfektion erfolgt meist
direkt von Hund zu Hund oder über
Kot, Speichel, Urin.

▸ **Symptome:** Die Inkubationszeit
beträgt drei bis sieben Tage. Der Hund
wird zunehmend matter, bekommt
Fieber, Nasen- und Augenausfluss.
Häufig treten eine Lungenentzündung,
Erbrechen, Durchfall oder neurologi-
sche Symptome auf. Eine Behandlung
ist schwierig und oft aussichtslos.

▸ **Schutz:** Impfung

Tollwut

▸ **Ursache:** Die Ansteckung erfolgt durch
den Biss infizierter Tiere. In Europa ist
der Hauptüberträger der Fuchs.
Deutschland ist derzeit frei von Tollwut.

▸ **Symptome:** Erste Anzeichen können
nach drei Wochen, aber auch erst nach
einigen Monaten auftreten: Aufgrund
des Befalls des Nervensystems kommt
es beim Hund zu Wesensveränderun-
gen. Anfangs zeigt es sich mitunter
scheu und verängstigt, dann meist
erregt und aggressiv. Die Erkrankung
verläuft tödlich.

▸ **Schutz:** Impfung

Zwingerhusten

▸ **Ursache:** Zwingerhusten wird durch
verschiedene Viren (z. B. Parainfluenca)
und Bakterien (z. B. Bordetella bronchiseptica) verursacht. Die Übertragung erfolgt von Hund zu Hund per Tröpfchen-
infektion. Vor allem junge Hunde und
Hunde mit vielen Hundekontakten sind
gefährdet (z. B. Hundeschulen, Hundepension, Tierheim).

▸ **Symptome:** Bereits nach zwei bis drei,
mitunter auch erst nach 20 Tagen
treten „bellender" Husten und Nasen-
ausfluss auf. Zudem kann es zu Fieber
kommen. Bakterielle sekundäre Infektionen bedürfen einer Behandlung mit
Antibiotika.

▸ **Schutz:** Impfung gegen Parainfluenza
und Bordetella bronchiseptica (bei
gesteigertem Infektionsrisiko)

Parasiten

Leider haben Hunde recht häufig mit Parasitenbefall zu kämpfen. Dabei können die Schmarotzer sich sowohl im Fell als auch im Körper einnisten.

Die geläufigsten Parasiten, mit denen sich Hunde und Hundehalter herumschlagen müssen, lassen sich grob in zwei Gruppen unterteilen: Ektoparasiten (= Außenparasiten), die in erster Linie auf der Haut und im Fell leben, und Endoparasiten (= Innenparasiten), die sich im Körperinneren breit machen und u. a. Organe befallen können. Im Folgenden werden die wichtigsten Vertreter beider Gruppen vorgestellt.

Flöhe

Die kleinen Blutsauger gehören zu den Ektoparasiten. Sie sind nur wenige Millimeter groß und werden meist von Hund zu Hund, aber auch von anderen Tieren wie Katzen oder Igeln übertragen. Flohbisse verursachen starken Juckreiz, so dass der Hund sich auffallend oft kratzt – Sie sollten die entsprechende Stelle dann genauer untersuchen. Bei Befall ist es nicht nur mit einem „Flohmittel" getan. Ein Tierarztbesuch ist wichtig, denn eventuell ist eine Behandlung von Ekzemen notwendig, die durch die Flöhe verursacht worden sind. Zudem muss die Umgebung des Hundes speziell gesäubert werden.

Zecken

Während die Gefahr von Flohbefall das ganze Jahr hindurch besteht, sind Zecken vorwiegend vom Frühjahr bis zum Herbst ein Problem – die Auwaldzecke ist jedoch auch in milden Wintern unterwegs. Die Übertragung geschieht meist im Freien, im Gebüsch oder dichtem Unterholz. Die Zecken lassen sich auf den Hund fallen und beißen sich in seiner Haut fest. Dabei sind die sogenannten Nymphen – so nennt man das Entwicklungsstadium zwischen Larve und ausgewachsener Zecke – unscheinbar und nur ein bis zwei Millimeter groß. Ausgewachsene und vollgesogene Tiere können dagegen zu einer Größe von bis zu einem Zentimeter heranwachsen. Nicht jede Zecke ist ein Krankheitsüberträger, dennoch sollte der Hund nach jedem Spaziergang untersucht und gegebenenfalls schnellstmöglich von anhaftenden Zecken befreit werden. Hierfür kommt üblicherweise eine Zeckenzange zum Einsatz.

Milben

Von ihnen gibt es ganz unterschiedliche Vertreter, unter anderem die Ohrmilben, die sich im (äußeren) Gehörgang festsetzen,

Kleine Plagegeister

Es gibt leider viele Gelegenheiten, bei denen sich Ihr Hund Parasiten einfangen kann. Manche davon nisten sich in Haut oder Fell ein, andere dagegen können ins Körperinnere gelangen und dort Organe schädigen.

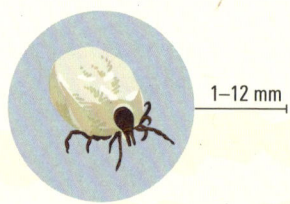

1–12 mm

Zecken

Im Gebüsch und Unterholz warten die Parasiten auf Wirtstiere. Hat sich einer dieser Blutsauger in der Haut Ihres Hundes festgebissen, entfernen Sie ihn mit einer Zeckenzange.

ca. 2 mm

Flöhe

Die kleinen Blutsauger werden meist von Hund zu Hund übertragen. Wenn Ihr Hund sich häufig kratzt, untersuchen Sie die entsprechende Stelle genau und gehen Sie gegebenenfalls zum Tierarzt.

10–20 cm

Spulwürmer

Die Aufnahme erfolgt direkt oder indirekt über kontaminierten Kot. Die Wurmlarven wandern erst durch den ganzen Körper. Die 10 bis 20 cm langen Würmer nisten sich dann im Darm des Hundes ein, so dass dieser deren Eier mit seinem Kot ausscheidet, was wiederum zu erneuter Ansteckungsgefahr führt.

3–18 mm

Hakenwürmer

Sie können schon mit der Muttermilch aufgenommen werden. Ihr Ziel ist der Darm des Hundes, sie verursachen aber auch Schäden an anderen Organen und gefährden so die Gesundheit Ihres Hundes.

bis 0,5 mm

Ohrmilben

Ihre Übertragung geschieht meist von Hund zu Hund – die Ohrmilben setzen sich im Gehörgang des Hundes fest. Anzeichen sind häufiges Kratzen der Ohren oder auch Kopfschütteln, Sekrete im Ohr und eine erhöhte Produktion von Ohrschmalz.

bis 2 mm

Herbstgrasmilben

Sie treten besonders in Spätsommer und Herbst in Wiesen und Sträuchern auf. Die Larven verbeißen sich in der Haut des Hundes und saugen Blut; sind sie vollgesogen, lassen sie sich einfach fallen. Erkennbar sind sie als winzige orangefarbene Punkte.

0,3–80 cm

Bandwürmer

Sie gelangen über Zwischenwirte in den Organismus des Hundes – das können Säugetiere, Flöhe oder andere Tiere, aber auch Menschen sein. Der Hundebandwurm (Echinococcus granulosus) wird nur drei bis sechs Millimeter, andere Bandwürmer bis 80 cm lang. Bandwürmer müssen beim Hund nicht zwingend größere Beschwerden verursachen.

0,02 mm

Giardien

Diese Einzeller gelangen durch die Aufnahme von Zysten in den Organismus des Hundes. Dort setzen sie sich im Dünndarm fest und verursachen teils schwere Durchfälle und Erbrechen. Sie können äußerst hartnäckig sein, der Hundekot ist höchst ansteckend.

und die Herbstgrasmilben. Die Übertragung findet meist von Hund zu Hund statt. Starker Juckreiz und häufiges Kopfschütteln können erkennbare Anzeichen für einen Befall mit Milben sein. Die zirka ein Millimeter kleinen Tiere sind für das bloße Auge gerade noch erkennbar, deutlich sichtbar sind bei einem Befall jedoch vor allem entzündliche Sekrete im Ohr und eine erhöhte Produktion von Ohrenschmalz. Besonders im Spätsommer und Herbst treten vermehrt Herbstgrasmilben in Wiesen und Sträuchern auf. Bei ihnen sind lediglich die Larven Schmarotzer, erkennbar als winzige orangerote Punkte auf der Haut. Nach zirka einer Woche lassen sich die vollgesogenen Larven einfach fallen. Während dieser Zeit verursachen sie starken Juckreiz und Hautentzündungen.

Würmer

Die verschiedenen Wurmarten verursachen beim Hund ganz unterschiedliche Krankheiten. Dr. Michele Bergmann, Oberärztin für den Bereich Gesundheitsvorsorge in der Medizinischen Kleintierklinik München rät deshalb: „Lassen Sie Ihren Hund am besten monatlich entwurmen! Damit verhindern Sie, dass der Hund infektiöse Wurmeier ausscheidet und sich erneut selbst oder den Menschen anstecken kann!" Typische Vertreter dieser Endoparasiten sind Spulwürmer, die direkt oder indirekt über kontaminiertem Kot übertragen werden. Die Larven wandern durch den Körper und schädigen

Organe und Gewebe. Im Darm paaren sich schließlich die inzwischen fertig entwickelten Spulwürmer, und der Hund scheidet über den Kot deren Eier aus – was wiederum für erneute Ansteckungsgefahr sorgt.

> 66 **Der Hunde- bzw. Gurkenkernbandwurm kann eine Länge von bis zu 70 Zentimetern erreichen.**

Im Gegensatz zu Spulwürmern benötigen Bandwürmer einen Zwischenwirt (z.B. Flöhe, Nagetiere, Nutztiere, Menschen), um in den Organismus des Hundes zu gelangen. Der häufigste Vertreter ist der Hundebandwurm (Dipylidium caninum), der bis zu 70 Zentimeter lang werden kann. Er lebt im Darm des Hundes, muss dort aber nicht zwingend zu größeren Beschwerden führen.

Größere Beeinträchtigungen lösen dagegen Hakenwürmer aus. Sie dringen ebenfalls bis zum Darm vor, schädigen aber vermehrt auch andere Organe, was zu einer erheblichen Beeinträchtigung des Gesundheitszustands führen kann. Hakenwürmer können bereits über die Muttermilch aufgenommen werden, Larven bohren sich zudem durch die Haut des Hundes.

Weitere Vertreter unter den Würmern sind unter anderem Lungenwürmer, Herzwürmer, Peitschenwürmer und Fuchsbandwürmer.

Krankheitssymptome erkennen

Manche Krankheitssymptome sind ganz offensichtlich, manche können allerdings nur Sie bemerken, weil niemand Ihren Hund so gut kennt wie Sie!

Verhaltensänderungen

Erste Anzeichen für eine Krankheit können Müdigkeit und Desinteresse sein. Aber auch zunehmende Ängstlichkeit, Reizbarkeit oder Ruhelosigkeit. Hundebesitzer denken in diesem Fall oft darüber nach, einen Hundetrainer oder Tierpsychologen um Hilfe bei der Lösung dieser Probleme zu bitten. Ist Ihnen kein einschneidendes Erlebnis bekannt, das die Ursache für die Verhaltensänderung Ihres Hundes sein könnte, (z. B. ein lauter Knall oder eine Rauferei mit einem anderen Hund), sollten Sie ihn besser vom Tierarzt durchchecken lassen. Aggressives Verhalten kann zum Beispiel durch Schmerzen ausgelöst werden, ängstliches Verhalten kommt häufig bei Schilddrüsenunterfunktion vor, Ruhelosigkeit kann mit einer Herzerkrankung zusammenhängen und Stubenunreinheit kann ein Zeichen für eine Blasenentzündung oder Magen-Darm-Grippe sein.

Erbrechen

Dass der Hund sich gelegentlich erbricht, ist völlig normal, etwa, wenn er zuvor Gras gefressen hat. Auch ein zu großes Stück Kauknochen muss vielleicht doch besser noch einmal zerkleinert werden. Mehrmaliges tägliches Erbrechen ist jedoch ein Fall für den Tierarzt. Mögliche Ursachen sind eine Futtermittelunverträglichkeit oder die Aufnahme einer giftigen Substanz. Auch eine Erkrankung des Verdauungsapparats, ein Fremdkörper im Magen oder eine Organerkrankung können der Auslöser sein.

Durchfall

Durchfall ist einer der häufigsten Vorstellungsgründe beim Tierarzt. In der Regel hilft es Ihrem Hund, einen Tag zu fasten. Durchfall kann aber auch auf ernste gesundheitliche Probleme hinweisen. An erster Stelle stehen hier Infektionskrankheiten durch Viren, Bakterien und Würmer, gefolgt von Erkrankungen der Verdauungsorgane, der Leber und der Nieren. Wie beim Erbrechen kann auch eine Vergiftung oder eine Nahrungsmittelunverträglichkeit der Auslöser sein. Nehmen Sie eine Probe des Erbrochenen oder des Kots mit zum Tierarzt, um es untersuchen zu lassen.

Bestechung
Damit ein Welpe beim Tierarzt seine Angst verliert, können Leckerli helfen.

Gewichtsveränderungen

Häufigste Ursache für eine Gewichtszunahme ist falsche Fütterung, also ein Zuviel an Futter und Leckerli (siehe „Gefahr Übergewicht", S. 25 und 41). Wie beim Menschen kann auch beim Hund zu wenig Bewegung ein Grund sein, gegebenenfalls verursacht durch zunehmendes Alter oder eine Gelenkerkrankung. Möglich sind aber auch krankhafte Fresssucht, hormonelle Erkrankungen oder Wassereinlagerungen im Gewebe. Wenn Sie sich sicher sind, dass die Gewichtszunahme nicht durch übermäßiges Füttern verursacht worden ist, sollten Sie einen Tierarzt aufsuchen. Das gilt auch bei Abmagerung. Ursache für starke Gewichtsverluste können Probleme der Verdauungsorgane, Herz-, Leber- und Nierenprobleme oder eine Tumorerkrankung sein.

Appetitlosigkeit

Die meisten Hundebesitzer sind es gewohnt, dass die Futterschüssel schnell geleert wird – umso mehr fällt es auf, wenn der Hund offenbar keinen Appetit hat. Vielleicht hat er heimlich eine neue Futterquelle aufgetan? Oder Sie haben die Futtermarke geändert und Ihr Hund findet an der neuen Marke keinen Gefallen? Aufregende oder aufwühlende Ereignisse können ebenfalls vorübergehend auf den Magen schlagen. Bei ansonsten ungetrübtem Verhalten ist Appetitlosigkeit erst einmal kein Grund zur Sorge. Dauert sie allerdings über mehrere Tage hinweg an, sollten Sie mit Ihrem Hund zum Tierarzt. Ursache können Erkrankungen des Verdauungsapparats, Infektionen, Parasiten, Zahnprobleme oder Tumorerkrankungen sein.

Durst

Bei erhöhten Temperaturen ist auch ein erhöhter Bedarf an Wasser völlig normal, vor allem bei sportlicher Betätigung. Denken Sie also gerade im Sommer daran, Ihrem Hund ausreichend Flüssigkeit zur Verfügung zu stellen. Zu berücksichtigen ist auch, dass Hunde, die mit Trockenfutter ernährt werden, deutlich mehr Wasser benötigen. Trinkt Ihr Hund allerdings dauerhaft mehr als sonst und hat entsprechend auch eine vermehrte Harnbildung, ist das ein typisches Symptom für Nieren- und Lebererkrankungen sowie Hormonstörungen. Versuchen Sie, bei der morgendlichen Gassirunde eine Urinprobe zu nehmen, damit der Tierarzt diese untersuchen kann.

Juckreiz

Jeden juckt es einmal, ist aber dauerhaft dieselbe Stelle betroffen, ist das verdächtig. Verursacher sind meist Flöhe oder andere Parasiten. Untersuchen Sie die betreffende Stelle eingehend – im Zweifelsfall mit einer Lupe. Sind keine Parasiten erkennbar, können auch Pilze, Bakterien oder eine Allergie die Ursache sein. Sicherheitshalber sollten Sie auf alle Fälle Ihren Tierarzt aufsuchen, damit er die Ursache für das ständige Jucken – und Kratzen – exakt bestimmen und etwas dagegen tun kann.

Schmerzen

Hunde sind tapfer und lassen sich Schmerzen nicht so leicht anmerken. Jault ein Hund plötzlich auf, wenn er an einer bestimmten Stelle berührt wird, ist das ein deutliches Zeichen dafür, dass die Schmerzen sehr stark sind und dementsprechend sofort Ihr Tierarzt aufzusuchen ist! Weitere Hinweise dafür, dass Ihr Hund Schmerzen hat, sind vorsichtige, langsame Bewegungen und das Belecken einer bestimmten Stelle, zum Beispiel des Bauchs. Bauchschmerzen können zwar ebenso schnell vergehen wie sie gekommen sind, sie können aber auch ein Alarmzeichen für lebensbedrohliche Ma-

HÄTTEN SIE'S GEWUSST?

Diese Kosten für den **Tierarzt** sind in der Gebührenordnung für Tierärzte festgelegt.

Je nach Gebührensatz kostet eine Untersuchung mit Beratung 12,03 – 36,09 Euro.

Eine stationäre Unterbringung kostet – ohne Behandlung und Futterkosten – pro Tag 14,31 – 42,93 Euro.

Einige Durchschnittskosten:
Injektion 10,30 Euro
Verband anlegen 9,16 Euro
Implementierung Mikrochip 11,44 Euro.

Operationen sind teuer: eine schwierige Fraktur kostet 343,59 – 1 030,77 Euro, eine Meniskus-OP 200,42 – 601,26 Euro, eine Operation am Herzen bis zu 1 288,47 Euro.

Eine Zahnbehandlung kann mit Beratung, Narkose, Zahnsteinentfernung, Extraktion und Fluorierung auf mehrere hundert Euro kommen.

Alle Preise zzgl. Mehrwertsteuer.

Fieberschub
Nicht nur eine Infektion, auch eine Überhitzung des Hundes kann zu Fieber führen.

gen-Darm-Probleme wie zum Beispiel eine Magendrehung (siehe „Gefahr: Magendrehung", S. 19) sein.

→ Mindestens einmal im Jahr: der Gesundheits-Check

Ob man es nun Vorsorgetermin, Impfgespräch oder Gesundheits-Check nennt – mindestens einmal im Jahr sollten Hundebesitzer ihren Tierarzt aufsuchen. Denn viele Erkrankungen entstehen schleichend und können – rechtzeitig erkannt – frühzeitig behandelt werden. Zum Check gehört eine gründliche Allgemeinuntersuchung, eine Überprüfung eventuell notwendiger Impfungen und ein Arztgespräch, in dem geklärt werden soll, ob es beim Hund zu irgendwelchen Auffälligkeiten gekommen ist.

Fieber

Die normale Körpertemperatur des Hundes liegt zwischen 37,8 und 39 Grad Celsius. Aufgrund individueller Unterschiede sollten Sie die Körpertemperatur Ihres Hundes exakt kennen, damit Sie dementsprechend Abweichungen feststellen können. Bei einer Erhöhung um mehr als 0,5 Grad (über mehrere Tage hinweg) ist es Zeit für den Tierarzt. Die Messung können Sie selbst durchführen: Sie erfolgt im After mit einem handelsüblichen Fieberthermometer. Achtung: Machen Sie dessen Spitze mit Vaseline oder etwas Öl gleitfähig und seien Sie darauf gefasst, dass Ihr Hund beim Einführen des Thermometers aufschrecken könnte!

Ursache für Fieber können unter anderem Infektionen, Entzündungen, Vergiftungen oder Stoffwechselerkrankungen sein. Kurzfristig kann eine Erhöhung auch aus extremen Aktivitäten, Erregung oder Überhitzung erfolgen.

Rund um die Fortpflanzung

Mit der Geschlechtsreife kommen häufig Probleme. Viele Halter fragen sich dann, ob sie ihren Hund kastrieren lassen sollen.

Kleine Hunde können bereits im Alter von 7 Monaten geschlechtsreif werden, bei großen Hunden kann es bis zu 14 Monate dauern. Spätestens dann erreichen Rüden ihre Zeugungsfähigkeit – und bei Hündinnen setzt meist die erste Läufigkeit ein. Wie wir Menschen sind Hunde in der jetzt folgenden Pubertätsphase starken hormonellen Schwankungen unterworfen. Diese können sich bis etwa zu dem Zeitpunkt hinziehen, an dem die Mutterhündin ihre dritte Läufigkeit abgeschlossen hat. Das geschieht durchschnittlich mit 2 Jahren, denn die meisten Hündinnen machen jährlich zwei Läufigkeiten durch. Die Abstände zwischen diesen Phasen sind grundsätzlich regelmäßig, individuelle Schwankungen von Tier zu Tier sind jedoch üblich. Sollte es zu Unregelmäßigkeiten bei den Läufigkeitsabständen kommen, können diese auf krankhafte Veränderungen hinweisen. Lassen Sie dies von Ihrem Tierarzt überprüfen.

Nach momentanem Stand der Wissenschaft ist davon auszugehen, dass sowohl das Testosteron des Rüden als auch die Östrogene der Hündin Einfluss auf Nervenzellen in den Hirnregionen haben, die unter anderem für die Verarbeitung von Stress und Intelligenz zuständig sind. Das bedeutet, dass eine Kastration vor dem Ende der Pubertätsphase einen Eingriff in diesen Entwicklungsprozess darstellt. Bei der Wahl des geeigneten Zeitpunkts für eine Kastration sollte dieser Aspekt deshalb unbedingt berücksichtigt werden. Denn noch immer wird allzu oft bereits nach der ersten Läufigkeit routinemäßig eine Kastration bzw. Sterilisation durchgeführt.

Unterschiede zwischen Kastration und Sterilisation

Es ist eine weit verbreitete Annahme, dass eine Kastration beim Rüden und eine Sterilisation bei der Hündin vorgenommen wird, um das Tier unfruchtbar zu machen. Doch das ist falsch! Die Begriffe werden geschlechtsunabhängig verwendet und beziehen sich lediglich auf den jeweiligen Umfang des Eingriffs: Bei einer Sterilisation werden die Eileiter der Hündin bzw. die Samenleiter des Rüden durchtrennt. Der Hormonhaushalt des Tieres bleibt dabei unverändert.

Anders bei der Kastration: Hierbei werden der Hündin die Eierstöcke, dem Rüden der Hoden entfernt. Dies hat Auswirkungen auf den Hormonhaushalt und kann – abhängig vom Zeitpunkt des Eingriffs – einen

Einfluss auf die körperliche und psychische Entwicklung des Hundes haben.

Gleichzusetzen mit einer „echten" Kastration beim Rüden ist die sogenannte chemische Kastration. Dabei sorgt ein unter die Haut gesetzter Mikrochip dafür, dass ein Rüde nur für einen Zeitraum von 6 bis 12 Monaten unfruchtbar ist. Die Auswirkungen auf den Hormonhaushalt sind ähnlich wie bei einer herkömmlichen Kastration, der große Unterschied ist die Wiederherstellung der Zeugungsfähigkeit nach dem genannten Zeitraum. Empfehlenswert ist diese Methode für Hundehalter, die sich mithilfe der Kastration eine Verhaltensänderung bei Ihrem Tier erhoffen, also beispielsweise eine geringere Aggressivität gegenüber anderen Rüden oder eines insgesamt höhere Kontrollierbarkeit.

Hat die chemische Kastration diesen gewünschten Effekt, spricht einiges dafür, den Hund anschließend wirklich zu kastrieren, um die positive Verhaltensänderung dauerhaft werden zu lassen. Setzt der Effekt allerdings nicht ein, ist die Wahrscheinlichkeit hoch, dass das Fehlverhalten des Hundes vor allem an der (mangelnden) Erziehung und weniger am Hormonhaushalt des Tieres liegt.

Medizinische Gründe für eine Kastration des Rüden sind ein Hodenhochstand (Kryptorchismus), Hodenkrebs oder eine Prostataerkrankung. Bei der Kastration entfernt der Tierarzt in einer Operation die beiden Hoden (Keimdrüsen). Die Operation erfolgt in Vollnarkose und dauert in der Regel weniger als 60 Minuten. Nach ein paar Stunden unter Beobachtung in der Tierarztpraxis oder Tierklinik kann der Rüde meist wieder mit nach Hause genommen werden.

Faustregeln für Alphatiere

Wenn die Hündin läufig ist, sollten Sie sie in dieser Zeit vorsichtshalber nur an der Leine spazieren führen und Orte meiden, die stark von anderen Hunden frequentiert sind. Sagen Sie anderen Hundebesitzern vor dem direkten Kontakt der Tiere auf jeden Fall Bescheid. Auch vor und nach den fruchtbaren Tagen riecht die läufige Hündin für Rüden – ob kastriert oder unkastriert – sehr spannend. Seien Sie sehr zurückhaltend bei Kontakten mit anderen Hunden, zum Beispiel im Freilaufgelände. Rüden neigen dazu, die läufige Hündin ständig zu bedrängen, während diese meist eine Abwehrhaltung annimmt, ausweicht und schnappt. Dies ist für die Tiere eher eine Stresssituation als ein entspanntes Spiel, es sei denn, es handelt sich um freundliche Hündinnen oder Welpen.

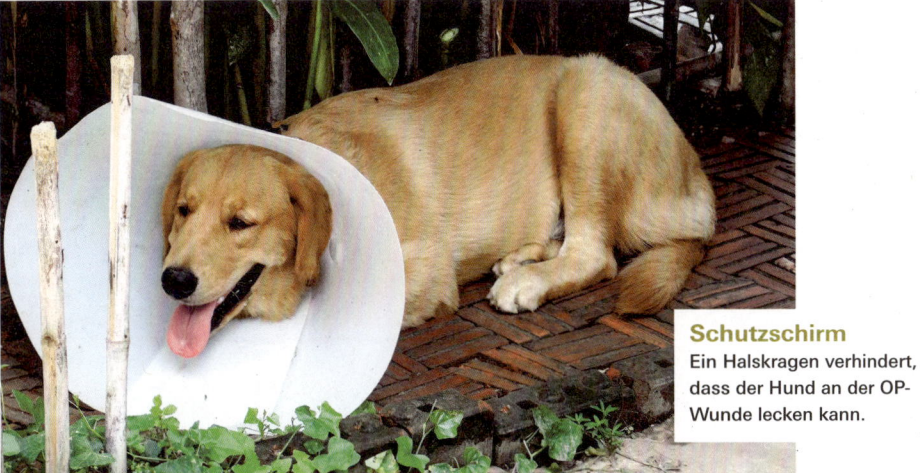

Schutzschirm
Ein Halskragen verhindert, dass der Hund an der OP-Wunde lecken kann.

Er ist nach der Kastration unwiderruflich unfruchtbar und kann keine Hündinnen mehr decken.

Um zu verhindern, dass er sich an der Operationswunde leckt, sollte der kastrierte Rüde einen Halskragen tragen. Nach zwei bis drei Tagen muss er zur Nachkontrolle zum Tierarzt, nach etwa zehn Tagen werden die Fäden gezogen. Jetzt kann auch der Halskragen wieder abgenommen werden. Der Rüde erholt sich meist schnell, innerhalb weniger Tage, von den Strapazen. Die chirurgische Kastration kostet – je nach Größe des Hundes und sofern sie ohne Komplikationen verläuft – etwa 180 bis 220 Euro für den Eingriff, hinzu kommen die Kosten für die Nachsorge (Kontrolluntersuchungen, Fäden ziehen), die individuell unterschiedlich sein können.

Übrigens: Wie stark die Kastration das Verhalten des Rüden beeinflusst, hängt vom Zeitpunkt des Eingriffs ab. Je älter der Hund bei der Kastration ist, desto geringer sind die Chancen, dass beispielsweise die Aggressivität gegenüber anderen Rüden nach der Operation abnimmt.

Der Zyklus der Hündin

Ist die Hündin nicht kastriert, durchläuft sich durchschnittlich zweimal im Jahr eine Läufigkeit. Dieser Sexualzyklus wird in vier Stadien unterteilt:

1 Vorbrunst (Proöstrus): Sie dauert etwa 10 Tage, während derer die Follikel heranreifen, die das weibliche Geschlechtshormon Östrogen produzieren. Dieser Prozess verursacht sichtbare Anzeichen, etwa blutigen Ausfluss und angeschwollene Schamlippen.

2 Brunst (Östrus): Innerhalb dieser zirka 5 bis 12 Tage währenden Phase ist die Hündin empfängnisbereit. Der Scheidenausfluss ist nun wieder relativ klar mit wenig Blut. Es kann zu Verhaltensänderungen und aggressivem Verhalten gegenüber anderen Hündinnen kommen. Rüden werden nun durch Abspreizen der Rute zum Deckakt aufgefordert. Sobald Rüden nicht mehr akzeptiert werden, ist die Brunstzeit beendet.

3 Nachbrunst (Metöstrus): Wurde die Hündin während der Brunst gedeckt,

Welpenglück
Eine Hündin bringt durchschnittlich 3 bis 6 Jungtiere zur Welt.

beginnt nun die Entwicklung der Jungtiere, die 59 bis 66 Tage nach dem Deckakt zur Welt kommen.

Wurde die Hündin nicht gedeckt, macht sie nun eine Scheinschwangerschaft durch (siehe unten), die mitunter etwas länger dauern kann als eine echte Trächtigkeit. Sie endet, wenn das Hormon Progesteron, das für die Aufrechterhaltung der Trächtigkeit verantwortlich ist, unter einen bestimmten Wert fällt.

❹ Ruhephase (Anöstrus): Die letzte Phase der Läufigkeit unterliegt großen zeitlichen Schwankungen. Die Dauer beträgt im Durchschnitt 3 bis 7 Monate, ist jedoch individuell verschieden. Während dieser Zeit sind keinerlei äußere Anzeichen von Zyklusaktivitäten erkennbar.

Scheinträchtigkeit

Sofern die Hündin weder kastriert noch während der Brunst gedeckt wurde oder nach dem Deckakt nicht aufgenommen hat, durchläuft sie nach der Brunst eine sogenannte Scheinträchtigkeit. Dieses Phänomen ist ein Wolfserbe, denn im Rudel ist es von Vorteil, wenn auch die ungedeckten Wölfinnen Mutterinstinkte entwickeln. Da sie ihre Zyklen im Rudel synchronisieren, verspüren ungedeckte Wölfinnen genau zum richtigen Zeitpunkt den Drang, Ammendienste zu verrichten. Nicht anders ergeht es noch heute ungedeckten Hündinnen. Gegen Ende der Nachbrunst sorgt das Hormon Prolaktin für ein Wachstum des Gesäuges und Milchproduktion. Hinzu kommen psychische Veränderungen, die zum Beispiel zu Nestbauverhalten und Anlehnungsbedürfnis, aber ebenso zu Gereiztheit und aggressivem Verhalten führen können. Nicht unüblich ist auch das regelmäßige Einsammeln von Gegenständen wie Spielzeug oder Schuhen.

Auch wenn jede nicht gedeckte Hündin nach der Läufigkeit eine Scheinträchtigkeit durchmacht, kann deren Ausprägung ganz unterschiedlich sein. Manchen Tieren ist währenddessen nichts anzumerken, bei anderen hat die Scheinschwangerschaft große Auswirkungen auf das Verhalten. In diesen Fällen kann es hilfreich sein, alle Spielzeuge aus dem Umfeld der Hündin zu entfernen, die an Welpen erinnern könnten. Lenken Sie die Hündin zusätzlich ab, indem Sie zum Beispiel die Gassigeh-Intervalle verkürzen und sich in dieser schweren Zeit mehr mit ihr beschäftigen. Selbstverständlich sollten Sie auch mit Ihrem Tierarzt sprechen, ob die Vergabe eines Medikaments sinnvoll ist bzw. ob er eine Kastration ratsam ist (etwa wenn die Hündin sehr aggressiv ist). Das würde der Hündin die Begleiterscheinungen der Scheinschwangerschaft ersparen und zudem das Risiko von Mammatumoren (Tumor in der Gesäugeleiste) senken – zumindest, wenn die Hündin zuvor nicht schon mehrfach läufig war.

Egal wie sehr eine Hündin gerade ihre Scheinschwangerschaft durchleidet: Eine sofortige Kastration zur Behebung der Probleme ist keinesfalls zu empfehlen! Der beste Zeitpunkt für die chirurgische Kastration einer Hündin liegt exakt zwischen zwei Läufigkeiten, also innerhalb der sogenannten Ruhephase. Dann ist die hormonelle Umstellung für die Hündin am geringsten.

→ Nachwuchs will gut überlegt sein!

Welpen sind süß – doch überlegen Sie sich gut, ob Sie wirklich Hundenachwuchs haben möchten, denn dessen Pflege und Aufzucht ist mit viel Aufwand verbunden! Besprechen Sie Ihr Vorhaben mit erfahrenen Züchtern und schließen Sie sich gegebenenfalls am besten einem Zuchtverein an. Zudem sollten Sie den Hund von Ihrem Tierarzt untersuchen lassen, denn nur mit gesunden Tieren sollte gezüchtet werden!

Vor- und Nachteile einer Kastration

Dr. Beate Walter, Fachtierärztin für Fortpflanzung an der Gynäkologischen Kleintierklinik der Ludwig Maximilians Universität München.

Was sind Gründe für eine Kastration?

Eine Kastration dient zum einen der Vorbeugung und Behandlung von Krankheiten, zum Beispiel bei einem Hodentumor, einer Gebärmutterentzündung oder Zysten auf den Eierstöcken. Zum anderen kommen viele Hundehalter zu uns, weil sie durch den Eingriff bestimmte Verhaltensweisen des Hundes beeinflussen möchten.

Welche sind das?

Manche Hunde werden sehr depressiv, andere nervös und unstet. Zumeist dreht es sich aber um aggressives Verhalten anderen Hunden gegenüber und Ungehorsam. Dazu ist zu sagen, dass eine Kastration kein Ersatz für die Hundeschule ist. Leider fehlt es häufig an der Erziehung, weshalb wir in solchen Verdachtsfällen von einer Kastration abraten.

Gibt es eine Alternative?

Ja, wir empfehlen in diesen Fällen eine chemische Kastration mittels eines Chips. Damit ist ein Rüde für 6 bis 12 Monate chemisch kastriert. Die Kastration ist also nicht endgültig und eignet sich sehr gut, um eventuell damit einhergehende Verhaltensänderungen zu testen.

Welche Verhaltensänderungen können auftreten?

Durchaus positive, also etwa, dass sich ein Rüde gegenüber anderen Rüden nun deutlich friedlicher zeigt. Auf der anderen Seite können aber auch bestimmte Eigenschaften verstärkt werden. So kann sich bei einem ängstlichen Hund nach einer Kastration die Angst sogar noch verstärken.

Aus welchen Gründen wollen Hundebesitzer ihre Hündin kastrieren?

Während beim Rüden Verhaltensauffälligkeiten im Vordergrund stehen, überwiegen bei der Hündin medizinische Gründe. Vor allem geht es um Präventionsmaßnahmen, also zum Beispiel die Vorbeugung eines Gesäugetumors. Darüber hinaus betrifft es unliebsame Erscheinungen rund um die Läufigkeit wie etwa Blutungen.

Welchen Einfluss hat die Kastration auf die Läufigkeit?

Aus medizinischer Sicht ist anschließend natürlich keine ungewollte Schwangerschaft mehr zu befürchten. Darüber hinaus tritt keine Scheinträchtigkeit mehr auf, es kommt nicht mehr zu Blutungen oder Hormonschwankungen und es erfolgt keine Belästigungen mehr durch Rüden.

Welche Vor- und Nachteile hat eine Kastration beim Rüden?

Das Risiko eines Hodentumors und einer Prostatahyperplasie, die meist im Alter auftritt und zu Kotabsatzbeschwerden führen kann, entfällt. Im Gegensatz dazu sind von sehr selten auftretenden Prostatatumoren fast ausschließlich kastrierte Rüden betroffen. Mitunter kann es bei beiden Geschlechtern zu Veränderungen des Fells kommen, und aufgrund einer besseren Verwertung des Futters besteht die Gefahr, dass kastrierte Hunde an Gewicht zulegt.

Welche Risiken bestehen bei der Kastration einer Hündin?

Der Eingriff ist bei der Hündin deutlich größer als beim Rüden. Bei beiden besteht grundsätzlich ein allgemeines Operationsrisiko und die anschließende Gefahr einer Infektion der Wunde. Um dieses zu minimieren, ist ein Leckschutz anzuraten. Zudem sollte man es etwa 10 Tage lang ruhig angehen lassen und den Hund körperlich nicht zu sehr fordern. Eine mögliche Spätfolge der Kastration ist zum Bespiel die sogenannte kastrationsbedingte Harninkontinenz, die vor allem bei Hündinnen ab einem Gewicht von 20 Kilogramm auftreten kann.

Wann ist der richtige Zeitpunkt für eine Kastration?

Keinesfalls bevor ein Hund ausgewachsen ist! Zum einen stellt die Kastration einen Eingriff in seine noch nicht vollendete Entwicklung dar, zum anderen kann sie Auswirkungen auf das Wachstum haben. Ohne Testosteron verzögert sich etwa der Epiphysenfugenschluss – mit der Folge, dass die langen Röhrenknochen über einen größeren Zeitraum hinweg wachsen, die Hunde also hochbeiniger werden, wodurch die Wahrscheinlichkeit von Gelenkerkrankungen – besonders bei großen Hunden – steigt.

Gibt es einen Nachteil, wenn man zu lange wartet?

Bestehen echte Verhaltensprobleme, ist eine Kastration eher früher anzuraten, da erlerntes Verhalten wie zum Beispiel das Verfolgen von Hündinnen immer schwerer abzugewöhnen ist. Zudem sinkt bei einem frühzeitigen Eingriff die Wahrscheinlichkeit, dass Hündinnen an einem Gesäugetumor erkranken.

Raten Sie eher zu oder ab, wenn es um Kastrationen geht?

Das lässt sich pauschal nicht sagen. Jeder Fall muss individuell betrachtet werden. Wir besprechen mit dem Halter Vor- und Nachteile und entscheiden dann das Vorgehen.

Was halten Sie von einer Sterilisation als Alternative zur Kastration?

Bei der Hündin ergibt das keinen Sinn, denn die Eierstöcke können nach der Sterilisationen entarten. Beim Rüden kann man eine Sterilisation zwar durchführen, eigentlich sollte man aber in der Lage sein, einen unkastrierten Rüden wie auch eine läufige Hündin so zu halten, dass es nicht zu ungewollten Deckakten kommt.

„Natürlich" heilen

Viele Halter möchten ihren kranken Hund auf „sanfte" Weisen heilen, die neben der strengen Medizinlehre bestehen. Ergänzend können solche Methoden durchaus zum Einsatz kommen.

Dem Wunsch nach Alternativen zu starken Medikamenten oder schulmedizinischen Behandlungsmethoden entsprechen „alternative" Heilverfahren. Auch wenn zu deren Wirksamkeit zumeist keine Belege durch aussagekräftige wissenschaftliche Studien vorliegen: Manchmal versetzt der Glaube Berge. Einige dieser Methoden haben zur Vorbeugung oder als Ergänzung einer Behandlung inzwischen ihren Platz in der sogenannten Schulmedizin gefunden. Es werden aber auch zahlreiche Verfahren beworben, für die jegliche wissenschaftliche Absicherung fehlt. Es ist also ratsam, kritisch zu bleiben.

Allerdings können homöopathische Mittel, Bachblüten, Schüßler-Salze, Akupunktur oder andere Verfahren im Einzelfall durchaus unterstützend im Sinne einer ergänzenden Behandlung wirken.

Wissenschaftler argumentieren mitunter, dass für eine heilende Wirkung alternativer Methoden der sogenannte Placeboeffekt verantwortlich ist: Wenn Ärzte sagen, dass etwas hilft, dann glaubt man das auch – selbst wenn man Medikamente ohne Wirkstoff (Placebos) einnimmt. Doch wie soll das beim Tier funktionieren, dem wir ja nichts einreden können? Sowohl der Tierarzt als auch der Hundebesitzer senden dem Hund Signale, dass nach der Einnahme eines alternativmedizinischen Mittels „alles wieder gut wird". Allein schon, dass der Besitzer sich während einer Therapie intensiv mit dem Tier beschäftigt, kann zu einer Verbesserung des Gesundheitszustands führen. Es sei jedoch auch gesagt, dass manche Tierbesitzer bei der Einschätzung, ob es ihrem Tier besser geht, etwas blauäugig sind. Wer an die heilende Kraft alternativer Heilverfahren glaubt, möchte nicht das Gegenteil sehen. Entscheiden Sie selbst, ob Sie auf solche Behandlungsmethoden setzen oder nicht.

Was zahlt die Versicherung?

Bei vielen Anbietern von Krankenversicherungen für Hunde gehört die Übernahme von Behandlungskosten für Akupunktur und Homöopathie inzwischen zum Basis-Tarif, bei anderen Verfahren werden jedoch selten Kosten übernommen. Wer der Anwendung „alternativer" Heilmethoden aufgeschlossen gegenübersteht, sollte sich vor Abschluss einer Versicherung darüber informieren, wie der gewünschte Versicherungsanbieter diese handhabt.

„Das eine schließt das andere nicht aus!"

Yvonne Misof
Tierheilpraktikerin und Physiotherapeutin, München

Welche Naturheilverfahren setzen Sie ein?
Unter anderem Homöopathie, Traditionelle chinesische Medizin, Bachblüten, Schüßler-Salze, Vitalpilze, Farbtherapie und Akupunktur.

Wann kommt was zum Einsatz?
Das entscheide ich nach einem ausführlichen Anamnesegespräch mit dem Tierbesitzer. Hierbei versuche ich, die Ursache für ein Problem zu ergründen. Dabei kann auch mal herauskommen, dass es in der Familie gerade kracht und es vielleicht kein Wunder ist, dass dem Hund dies auf den Magen schlägt.

Mit welchen Problemen kommen Tierbesitzer zu Ihnen?
Das ist ganz unterschiedlich, nicht selten sind zum Beispiel übergewichtige Tiere. Stellt sich heraus, dass dabei keine Krankheit zugrunde liegt, sondern zu viel oder falsch gefüttert wird, empfehle ich erst einmal eine Darmsanierung. Dafür setze ich Vitalpilze ein.

Wie wirken Vitalpilze?
Das Schöne an ihnen ist ihre immunregulierende Wirkung. Egal ob das Immunsystem überschießend oder gedrückt ist, Vitalpilze schaffen es, in beide Richtungen auszugleichen. Sie können also beispielsweise sowohl bei einer Über- wie auch bei einer Unterfunktion der Schilddrüse eingesetzt werden. Darüber hinaus helfen sie bei Allergien und Stoffwechselstörungen.

Wann setzen Sie Bachblüten ein?
Hauptsächlich bei psychischen Problemen. Ursache dafür kann zum Beispiel ein Umzug, ein Trauerfall oder eine Kastration sein. In manchen Fällen reicht oft eine einzige Gabe der entsprechenden Blüte aus.

Wie groß ist die Nachfrage nach homöopathischen Mitteln?
Die Nachfrage steigt, denn wie in der Humanmedizin haben auch Tierhalter ein verstärktes Interesse an Naturheilverfahren. Die Homöopathie ist allerdings etwas aufwändiger, da erst einmal das richtige Mittel gefunden werden muss. Dafür ist es notwendig, möglichst viele Informationen rund um das Tier in Erfahrung zu bringen, was nicht immer gelingt.

Wie wirken homöopathische Mittel?
Das Wirkungsprinzip beruht darauf, dass ein Reiz gesetzt wird, der die Selbstheilungskräfte des Körpers aktiviert. Geheilt wird da-

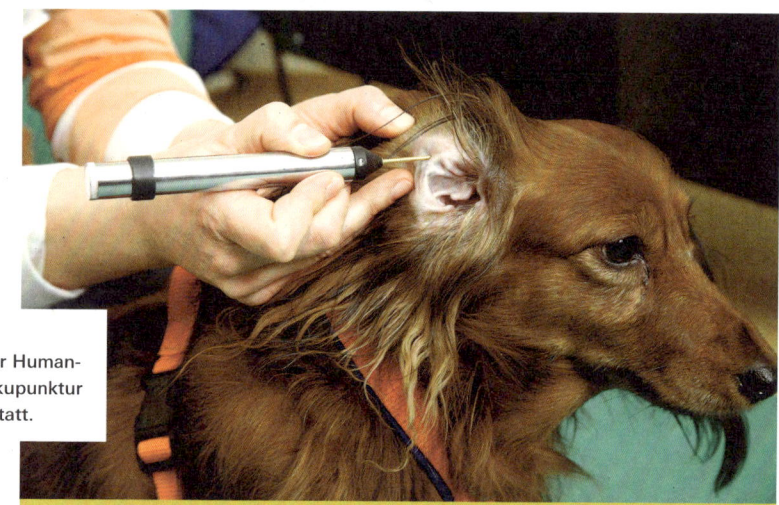

Akupunktur
Ebenso wie in der Human-
medizin findet Akupunktur
auch bei Tieren statt.

bei sozusagen alles und nicht nur eine bestimmte Krankheit. Ich verwende homöopathische Mittel zum Beispiel bei chronischen Erkrankungen.

Was versteht man unter Traditionel-
ler chinesischer Medizin?

Es geht darum, den Körper im Gleichge-
wicht zu halten. Ist der Energiefluss gestört,
kann Akupunktur helfen. Durch die Nadel-
stiche kann sehr schnell ein Ergebnis erzielt
werden. Ich setze die Akupunktur nicht nur
bei Beeinträchtigungen des Bewegungsap-
parats ein, sondern zum Beispiel auch bei

Husten und Schnupfen. Es ist für Tierbesitzer faszinierend zu sehen, wie schnell sich
der Schleim löst.

Was kann Naturheilkunde nicht?

Sie kann weder einen gebrochenen Knochen zusammensetzen noch einen Bänder-
riss heilen. Manches kann nur die klassische
Medizin, häufig gibt es aber einen gemeinsamen Weg. Vor und nach der chirurgischen
Behandlung eines Knochenbruchs oder der
Operation eines Kreuzbandrisses kann die
Naturheilkunde zum Beispiel sehr hilfreich
sein.

Erste Hilfe im Notfall

Bei einem Notfall heißt es, so schnell wie möglich einen Tierarzt aufzusuchen. Manchmal müssen Sie aber auch in der Lage sein, Soforthilfe zu leisten.

Dr. René Dörfelt (Notfallmediziner in der Medizinischen Kleintierklinik München) hat viel Erfahrung im Umgang mit Notfällen bei Hunden. Für ihn ist der wichtigste Rat an Hundebesitzer: „Die oberste Priorität in einer Notfallsituation lautet, einen kühlen Kopf zu bewahren. Damit helfen Sie Ihrem Hund am meisten, denn nur so sind Sie in der Lage, die richtigen Entscheidungen zu treffen." Bei Dörfelt sind Notfälle an der Tagesordnung, bedingt werden sie unter anderem durch Verkehrsunfälle, Beißereien zwischen Hunden, Atemnot, Insektenstiche, epileptische Anfälle, Hitzschlag, Ohnmacht oder, im schlimmsten Fall, einen Herzstillstand.

In manchen Situationen ist schnell und eindeutig erkennbar, was für ein Notfall vorliegt, es kommt aber auch vor, dass der Hundebesitzer gar nicht weiß, was plötzlich mit seinem Hund los ist. René Dörfelt rät in diesen Fällen: „Überprüfen Sie die Atmung, die bei 10 bis 30 Atemzügen pro Minute liegen sollte, und die Herzfrequenz, die 80 bis 120 Schläge pro Minute betragen sollte – bei großen Hunden auch mal etwas weniger, bei kleinen mehr." Zudem kann es hilfreich sein, sich die Schleimhäute im Maul des Hundes anzusehen. Sind sie nicht rosa, sondern blass oder sehr rot, sollte sofort ein Tierarzt aufgesucht werden. Wie Sie vorab selbst in einem Notfall vorgehen sollten, haben wir im Folgenden für Sie zusammengefasst.

Allergie

Sie kann chronisch sein, aber auch ganz plötzlich auftreten, zum Beispiel aufgrund einer Impfung, Medikamentengabe oder eines Insektenstichs. Eine kleine Schwellung können Sie mit kühlem Wasser abspülen. Schwillt die Stelle aber deutlich an oder tritt Atemnot auf, müssen Sie sofort zum Tierarzt. In diesem Fall besteht die Gefahr eines allergischen Schocks.

Atemnot

Ursache kann beispielsweise ein Fremdkörper im Rachen oder den Atemwegen sein. Dem Hund in den Rachen zu greifen kann gefährlich sein, da er im Todeskampf zuschnappen könnte. Besser ist es, erst einmal mit den Händen zu versuchen, den Gegenstand nach vorn in Richtung Maul zu massieren. Im Notfall kann auch das Hochheben an den Hinterläufen helfen. Sitzt ein ab-

Hundekämpfe
Auch wenn sie gefährlich aussehen: Hundekämpfe sind meist ohne Folgen.

gebrochener Stock quer im Rachen, sollten Sie diesen vom Tierarzt entfernen lassen!

Augenverletzungen

Eine Verletzung am Auge kann schnell passiert sein, zum Beispiel beim unvorsichtigen Stöckchenwerfen oder beim Streifen durchs Unterholz. Es kann auch vorkommen, dass ein Fremdkörper ins Auge gelangt. Dann können Sie versuchen, den Gegenstand mit einer Augenspüllösung bzw. abgekochtem lauwarmem Wasser vorsichtig herauszuspülen, etwa mit einer Spritze ohne Nadel. Am besten funktioniert dies, wenn Sie einen Helfer haben, der währenddessen den Kopf des Hundes festhält. Üben Sie aber keinen Druck auf das Tier aus, sondern sprechen Sie beruhigend auf den Hund ein. Gelingt das Entfernen des Fremdkörpers, sollten Sie je nach Schwere des Falls dennoch einen Tierarzt aufsuchen.

Bewusstlosigkeit

Verliert Ihr Hund das Bewusstsein, legen Sie ihn vorsichtig auf seine rechte Seite, wenn möglich so, dass der Kopf etwas tiefer liegt.

Dadurch verringern Sie die Gefahr, dass Erbrochenes in den Atemwegen stecken bleibt. Kontrollieren Sie, ob ihr Hund frei atmen kann, und legen Sie den Kopf leicht überstreckt und mit geöffnetem Maul behutsam wieder ab. Überprüfen Sie die Farbe der Schleimhäute, Atemzüge (normal sind 10–30 Atemzüge pro Minute) und Herzfrequenz (normal sind 80 bis 120 Schläge pro Minute, bei großen Hunden auch mal etwas weniger, bei kleinen mehr). Je nach Zustand sollte der Hund schnellstmöglich zum Tierarzt gebracht werden bzw. ein Tierarzt zur Untersuchung zu Ihnen kommen. Am besten informieren Sie sich, ob es in Ihrer Umgebung einen Tiernotruf gibt, so dass Sie diesen im Notfall gleich beanspruchen können.

Bisswunden/Blutungen

Zwar bietet das Fell dem Hund guten Schutz, dennoch können Hunde sich bei einer Beißerei Wunden zuziehen. Sind diese lediglich oberflächlich, genügt es, die Stellen mit abgekochtem, lauwarmem Wasser und einem sauberen Tuch zu reinigen und zu

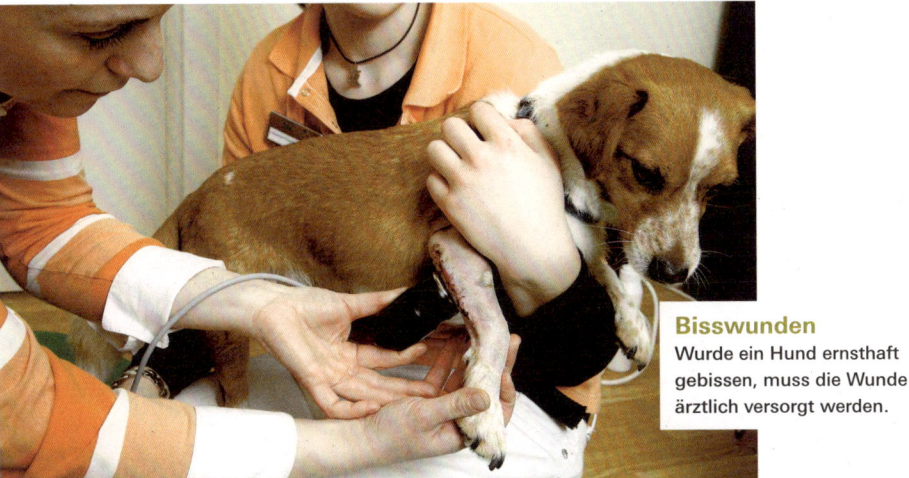

Bisswunden
Wurde ein Hund ernsthaft gebissen, muss die Wunde ärztlich versorgt werden.

desinfizieren. Besteht der Verdacht, dass die Wunde tiefer ist, muss sie sich der Tierarzt ansehen, denn das darunter liegende Gewebe könnte massiv beschädigt sein. Starke Blutungen sollten mit einer Mullkompresse, notfalls einem sauberen Tuch gestoppt werden.

Fieber

Gründe für Fieber gibt es viele – Überhitzung, Infektion, Vergiftung, eine Entzündung u. a. Eine Körpertemperatur von über 40 Grad ist lebensbedrohlich. Kühlen Sie den Hund mit einem feuchten Handtuch und fahren Sie sofort zum Tierarzt. Wie Sie bei Ihrem Hund Fieber messen, erfahren Sie im Abschnitt „Fieber" auf S. 96.

Herzstillstand

Die einzige Chance bei einem Herzstillstand sind sofort durchgeführte Wiederbelebungsmaßnahmen, denn bereits nach wenigen Minuten kommt jede Hilfe zu spät! Legen Sie den Hund auf seine rechte Seite, überstrecken Sie seinen Kopf, öffnen sein Maul und kontrollieren Sie, ob die Atemwe-

ge frei sind. Wenn dem so ist, der Hund aber dennoch nicht atmet, müssen Sie eine Herzmassage und Beatmung durchführen: Dazu muss der Brustkorb in schneller Abfolge (2 x pro Sekunde) mit beiden Händen ca. 30 Mal gut ein Drittel zusammengedrückt werden. Halten Sie anschließend mit der Hand das Maul zu und blasen Luft in seine Nase (zwei bis drei Atemzüge im Abstand von zwei bis drei Sekunden). Beginnen Sie dann im Wechsel wieder mit der Herzmassage. Wenn Sie zu zweit sind, können Sie die Herzmassage kontinuierlich und die Beatmung zehn Mal pro Minute gleichzeitig durchführen. Gelingt die Wiederbelebung, rufen Sie sofort einen Tierarzt und sprechen je nach Lage das weitere Vorgehen mit ihm ab.

Hitzschlag

Hunde können relativ leicht einen Hitzschlag erleiden, denn sie regulieren ihre Körpertemperatur lediglich durch Hecheln – schwitzen funktioniert bei ihnen nur über die Pfoten, und das auch nur in winzigem Maße. Symptome für einen Hitzschlag sind unter anderem starkes Hecheln, ein be-

Achtung!
Versuchen Sie Ihrem Hund frühzeitig beizubringen, dass er nichts vom Boden frisst.

schleunigter Puls, eine erhöhte Körpertemperatur und ein deutlich erkennbarer Erschöpfungszustand.

Bringen Sie den Hund bei einem Hitzschlag sofort in den Schatten und übergießen Sie ihn großzügig mit kühlem (aber nicht zu kaltem) Wasser. Anschließend sollte er etwas trinken und je nach Gesundheitszustand zum Tierarzt gebracht werden.

Knochenbruch

Man unterscheidet offene und geschlossene Knochenbrüche. Ursache können ein Zusammenstoß mit einem Auto oder Fahrrad sein, ebenso können Hunde sich beim Spielen oder Rennen verletzen. Offene Wunden sollten mit einer sterilen Kompresse versorgt werden. Hantieren Sie so wenig wie möglich an der Wunde herum, denn der Hund könnte sehr schmerzempfindlich sein. Binden Sie ihm notfalls behutsam sein Maul zu. Sofern möglich, tragen Sie den Hund oder legen Sie ihm einen Verband an (nicht zu fest!). Stabilisieren kann eine Zeitungsrolle oder ein Stock. Bringen Sie ihn zum Tierarzt.

Krampfanfälle

Hauptursache für Krampfanfälle sind Vergiftungen oder Epilepsie. Fassen Sie den Hund während eines solchen Anfalls besser nicht an, da er zuschnappen könnte. Räumen Sie Gegenstände zur Seite, an denen er sich verletzen könnte. Sofern der Hund nicht völlig außer Kontrolle ist, können Sie ihm ein Lieblingstuch oder Kuscheltier ins Maul geben, damit er sich möglichst nicht auf die Zunge beißt.

Üblicherweise ist ein Anfall nach ein paar Minuten wieder vorbei. Besitzer von an Epilepsie erkrankten Hunden sollten entsprechende Medikamente vorrätig haben. Ist der Krampf zum ersten Mal aufgetreten oder bisher nicht medizinisch abgeklärt, sollten Sie im Anschluss daran einen Tierarzt aufsuchen.

Verbrennung

Kühlen Sie die betroffene Stelle mindestens fünf Minuten lang unter fließendem kaltem Wasser. Bedecken Sie die Wunde anschließend mit einem feuchten Tuch und gehen Sie je nach Schweregrad mit Ihrem Hund zum Tierarzt – denn unter dem Fell ist das Ausmaß der Verbrennung bisweilen nur schwer zu erkennen.

Vergiftung

Vergiften kann sich ein Hund nicht nur an Medikamenten oder einem Giftköder, sondern an einer Vielzahl von Lebensmitteln (siehe „Vorsicht giftig", S. 26). Haben Sie den Verdacht, dass Ihr Hund sich vergiftet hat, müssen Sie sofort zum Tierarzt! Versuchen Sie weder, ein Erbrechen herbeizuführen, noch geben Sie ihm etwas zu trinken. Wissen Sie, was die Vergiftung verursacht hat (Medikament, Reinigungsmittel, Dünger, etc.), nehmen Sie es mit zum Arzt.

Ansteckung zwischen Hund und Mensch

Werden Krankheiten vom Hund auf den Mensch übertragen, spricht man von Zooanthroponose. Der Hund kann dabei auch selbst keinerlei Krankheitssymptome zeigen.

→ **Auch wenn es einige Krankheiten gibt,** die Hunde auf Menschen übertragen können: Lassen Sie sich davon nicht abschrecken. Wer auf gute hygienische Bedingungen und Sauberkeit achtet, seinen Hund regelmäßig beim Tierarzt vorstellt und auch gute Ernährung und sorgfältige Pflege im Auge behält, minimiert so die Gefahr einer Zooanthroponose ganz erheblich.

Dazu ist es nicht nötig, sich jedes Mal die Hände zu waschen, nachdem man einen Hund gestreichelt hat – es reicht völlig aus, wenn man das tut, bevor man das nächste Mal mit Lebensmitteln in Berührung kommt oder beispielsweise einem Hundeallergiker die Hand schüttelt. Eine der häufigsten Streitfragen bezüglich der Hygiene ist sicher, ob Hunde mit ins Bett dürfen. Für viele Hundebesitzer kommt hier die Rangordnung ins Spiel: Der Hund befindet sich in ihr ganz unten und darf deshalb logischerweise nicht mit ins Bett. Andere legen dagegen großen Wert auf die Nähe zu ihrem Tier und möchten darauf auch im Bett nicht verzichten. Sicher ist: Das geteilte Bett erhöht die Gefahr einer Zeckenwanderung vom Hund auf den Menschen – Vorsicht ist also auf jeden Fall geboten.

Ansteckungsgefahr
Eine Krankheitsübertra-
gung von Hund zu Mensch
ist selten, aber nicht ausgeschlossen.

Das Risiko ist bei Menschen höher

Insgesamt ist das Risiko, sich bei anderen Menschen mit einer Krankheit anzustecken, bei weitem höher als bei einem Hund. Behalten Sie dennoch im Hinterkopf, dass auch Ihr geliebtes Haustier Krankheiten übertragen kann. Von leichten Ausschlägen über Infektionen bis hin zu einer lebensbedrohlichen Situation, etwa durch den Biss eines an Tollwut erkrankten Tiers, ist vieles möglich, wenn auch nicht sehr wahrscheinlich.

Hautinfektionen und Ausschläge treten unter anderem bei der Übertragung von Flöhen, Grabmilben, Ohrmilben, Raubmil-

ben und Fadenpilzen auf. Mit einer Infektion und einer Schädigung der Organe muss durch Rund- und Bandwürmer gerechnet werden. Auch eine bakterielle Erkrankung durch Salmonellen gibt es – die Folgen sind meist Brechdurchfälle. Eine gewisse Gefahr besteht zudem durch Einzeller (Toxoplasmose). Hierbei muss mit einer schweren Infektion (besonders bei immungeschwächten Personen) gerechnet werden.

Besondere Aufmerksamkeit ist bei Hunden geboten, die aus dem Ausland nach Deutschland gebracht werden oder die nach einem Urlaub im Ausland plötzlich ungewohnte Symptome zeigen.

Den letzten Weg gehen

Vollwertige Familienmitglieder oder treue Weggefährten, die immer da sind: Viele Menschen haben zu ihrem Hund eine sehr enge Bindung. Doch was passiert mit dem Tier, wenn es stirbt?

Mit seinem Hund lebt der Besitzer oft mehr als 10 Jahre lang zusammen. Das ist länger als so manche Ehe hält. In all den Jahren entwickeln Halter ein besonderes Verhältnis zu ihren Haustieren: Für Familien etwa gilt der Hund als vollwertiges Mitglied, bei alleinlebenden Menschen ersetzt das Haustier oft die menschliche Gesellschaft. Doch auch der geliebte Hund stirbt einmal. Trotz der engen emotionalen Bindung – der Umgang mit dem leblosen Tierkörper ist nicht annähernd mit der Bestattung eines Menschen vergleichbar.

In sogenannten Tierkörperbeseitigungsanstalten werden Haustiere gemeinsam mit anderen Tieren vollständig entsorgt oder verbrannt, darunter Zoo- und Zirkustiere, ansteckend erkrankte Wildtiere oder kontaminierte Versuchstiere. Dort enden meist die Haustiere, die vom Tierarzt eingeschläfert werden, wenn der Besitzer sie danach nicht mitnimmt. Die Besitzer können ihre Tiere gegen eine Gebühr auch selbst zur kommunalen Anlage bringen, für den Transport gelten jedoch strenge Hygienevorschriften. Die Gebühr richtet sich nach Größe und Gewicht: Bei kleinen Tieren kostet die Entsorgung wenige Euro, bei einem Hund oder einer Katze rund 20 Euro. Für eine zusätzliche Gebühr können Halter die Tiere abholen lassen.

Für viele Hundeliebhaber ist es aber unvorstellbar, ihr Haustier derart zu „entsorgen". Sie wünschen sich ein würdiges Ende für ihren treuen Gefährten und einen Platz, an dem sie trauern können – wie eben bei einem verstorbenen Familienmitglied üblich. Doch nicht allen ist klar, was erlaubt ist und was nicht. Richtig teuer kann es werden, wenn Tierfreunde ihre Lieblinge einfach im Park oder im Wald vergraben. Hier drohen Bußgelder von mehreren tausend Euro.

Auf keinen Fall sollten sie die toten Körper in die Biotonne oder den Kompost werfen. Auch das ist strafbar. Im Restmüll entsorgt werden dürfen lediglich kleine Haustiere wie Hamster, Meerschweinchen, Mäuse, Fische oder Wellensittiche – größere Tiere wie Hunde oder Katzen jedoch nicht.

Bestattung im Garten

Wer einen eigenen Garten hat, darf sein Haustier dort begraben. Das gilt auch für Hunde und Katzen. Es sind jedoch einige Regeln zu beachten, die vor allem die Umwelt schützen sollen, aber auch die Gesundheit

Letze Ruhe
In jeder größeren Stadt
Deutschlands gibt es
inzwischen mindestens
einen Tierfriedhof.

von Mensch und Tier: Nicht vergraben werden dürfen etwa Tiere, die an einer meldepflichtigen Krankheit gestorben sind, damit die Krankheitserreger sich nicht weiter verbreiten. Das Grundstück darf zudem nicht in einem Wasser- oder Naturschutzgebiet liegen. Das Grab selbst muss ein bis zwei Meter von öffentlichen Wegen entfernt und der Kadaver mindestens einen halben Meter tief vergraben liegen. So soll verhindert werden, dass andere Tiere den Körper wieder ausgraben. Am besten wickeln Halter die Tierkadaver in leicht verrottendes Material – wie Handtücher oder Wolldecken – oder vergraben sie in Kartons aus Pappe. Eine Ausnahme gilt für Bremen: Hier ist es wegen des hohen Grundwasserstands generell verboten, seine Tiere im Garten zu vergraben. Zuwiderhandlungen werden mit einer Geldstrafe geahndet.

Krematorien und Friedhöfe

Doch auch ohne einen eigenen Garten können Tierfreunde ihren verstorbenen Gefährten ein würdiges Ende bereiten. Inzwischen gibt es zahlreiche Krematorien und Fried-

höfe speziell für Tiere. Der Bundesverband der Tierbestatter bietet eine Suche nach Postleitzahl an, auch auf den Gelben Seiten finden sich über 300 Tierfriedhöfe und -bestatter bundesweit. Tierkrematorien bieten sowohl Sammel- als auch Einzeleinäscherungen an, die Preise hierfür liegen bei rund 100 bis 300 Euro. Nach der teureren Einzeleinäscherung können Tierhalter die Asche ihres verstorbenen Haustiers mitnehmen und sie etwa verstreuen oder zu Hause in einer Urne aufbewahren – es gibt diesbezüglich keine gesetzlichen Vorgaben.

Ein anderer Ort für die Urne wäre auf einem Tierfriedhof: Neben Urnengräbern gibt es hier auch Einzel- oder Sammelgräber. Tierbestattungen kosten in etwa so viel wie Tierkremierungen, allerdings kommt hier noch die Grabmiete hinzu.

→ Freundschafts- und Familiengräber

Wer keinen Unterschied machen möchte zwischen Menschen- und Tierfriedhof, hat seit Neuestem auch die Möglichkeit, ein gemeinsames Urnengrab zu mieten. Im rheinland-pfälzischen Braubach und in Essen haben die ersten Friedhöfe mit gemeinsamen Gräbern für Mensch und Tier geöffnet. Die Friedhöfe unter dem Namen „Unser Hafen" bieten sogenannte Freundschafts- oder Familiengräber an: Im Freundschaftsgrab können bis zu sechs Urnen beigesetzt werden, davon maximal zwei Urnen für Menschen. Im Familiengrab dürfen bis zu zwölf Tiere und Tierfreunde ihre letzte Ruhe finden – ganz gleich ob Mensch oder Tier. Ein Freundschaftsgrab kostet inklusive Grabpflege knapp 70 Euro im Jahr, ein Familiengrab ohne Grabpflege gut 90 Euro im Jahr, bei einer Laufzeit von jeweils mindestens 20 Jahren. Hinzu kommen Kosten von rund 300 Euro je Beisetzung.

Zum Tierpräparator?

Für viele eher makaber, für manchen jedoch Ausdruck höchster Wertschätzung: Wer seinen Hund nach dessen Tod weiter nah bei sich haben möchte, kann den toten Körper präparieren lassen: Was lange Zeit vor allem Jagdtrophäen vorbehalten war, führen manche Tierpräparatoren heute auch an Haustiere aus. Dafür müssen die Halter die Tierkörper möglichst tiefgefroren und innerhalb weniger Tage nach dem Tod des Tieres zum Präparator bringen. Zudem helfen einige Fotos des Haustiers dabei, das Präparat möglichst lebensecht werden zu lassen. Bei größeren Hunderassen wie Schäferhunden können die Kosten für den Präparator allerdings im vierstelligen Bereich liegen.

Virtuelles Gedenken

Nicht jeder kann und will so viel ausgeben. Wer sich dennoch einen Platz zum Trauern wünscht, kann dem verstorbenen Haustier eine virtuelle Gedenkstätte errichten. Online-Tierfriedhöfe heißen etwa „Quitschie", „Regenbogenbrücke" oder „Tierhimmel". Auf diesen Portalen können trauernde Tierfreunde ihren verstorbenen Gefährten ein Online-grab gestalten, virtuelle Gedenkkerzen anzünden und Einträge in kondolenzbuchartigen Blogs hinterlassen. Auch für andere Nutzer sind die Gedenkstellen sichtbar und können kommentiert werden. So können Tierfreunde ihre Trauer miteinander teilen. Die Angebote sind größtenteils kostenlos.

Unterwegs mit Hund

Hunde sind am liebsten überall mit dabei. Das gilt sowohl für kleine Ausflüge wie auch große Urlaube, auf die sich Hundebesitzer gut vorbereiten sollten.

Klar, wenn es um den Urlaub geht, ist ohne Hund alles einfacher: Hotel buchen, ab in den Flieger und dann zwei Wochen am Strand liegen. Mit Hund ist jedoch vieles schöner, auch wenn die Urlaubsvorbereitungen etwas länger dauern. Am besten beginnen Sie mit den Planungen so früh wie möglich, schließlich steht mitunter noch ein Tierarztbesuch an, bei Reisen ins Ausland müssen Einreisebestimmungen überprüft, eine hundefreundliche Unterkunft gefunden und ein Urlaubsprogramm ausgearbeitet werden, das nicht nur der Familie Spaß macht, sondern auch dem Hund. Reine Städtetouren zählen dazu eher nicht – ein Campingurlaub, ein schönes Ferienhäuschen, Strandspaziergänge oder Wanderurlaube stehen dagegen auf der Wunschliste eines Hundes meist ganz weit oben.

Auch die Wahl des geeigneten Transportmittels ist mit Hund schwieriger: Flugreisen kommen für viele Hundebesitzer nicht in Frage, also sollte unbedingt überprüft werden, ob der Hund im Auto sicher untergebracht ist. Nicht nur im Interesse des Hundes, sondern auch zu Ihrer eigenen Sicherheit – und zum Schutz Ihres Geldbeutels. Der wird nämlich ausgenommen, wenn es zu einem Unfall kommen sollte und die Versicherung feststellt, dass ein nicht ordnungsgemäß gesicherter Hund der Auslöser dafür war.

Auto, Bahn und Flugzeug

Das Auto ist das mit Abstand am häufigsten benutzte Transportmittel bei Reisen mit Hunden. Flugzeug oder Bahn kommen für Hundebesitzer allerdings auch in Frage.

Autofahren will gelernt sein – denn es ist keine Selbstverständlichkeit, dass ein Hund problemlos im Auto mitfährt. Bei etwa einem Drittel der Hunde treten Schwierigkeiten auf: Manche Tiere weigern sich, überhaupt in ein Auto einzusteigen, andere haben während der Fahrt Panik, leiden unter Übelkeit oder bellen unentwegt. So wird eine lange Autofahrt in den Urlaub zur großen Belastung von Hund und Mensch, weshalb das gemeinsame Autofahren frühzeitig geübt werden sollte.

Am besten ist es, damit bereits im Welpenalter zu beginnen – in Form von Einkaufstouren, Tierarztbesuchen oder kürzeren Ausflügen. Schonen Sie Ihren Hund nicht zu lange, übertreiben Sie es aber auch nicht, denn ein einziges negatives Erlebnis kann ihm für lange Zeit in den Knochen stecken. Deshalb sollte die erste Autofahrt auch nicht etwa bei der Tierarztpraxis enden, sondern besser mit einem Spiel oder Spaziergang ausklingen.

Beginnen Sie mit kurzen Distanzen und helfen Sie Ihrem Hund, anhand kleiner Belohnungen nach erfolgreich absolvierten Fahrten eine positive Beziehung zum Autofahren zu entwickeln.

Grundsätzlich gilt: Der Hund steigt als erster ein und als letzter aus! Also keinesfalls nach der Ankunft die Tür öffnen und den hysterischen Hund so schnell wie möglich aus dem Auto springen lassen. Auch während der Fahrt sollten klare Regeln gelten, schließlich geht es dabei auch um Ihre eigene Sicherheit! Der Gesetzgeber schreibt vor: „Hunde werden aus verkehrsrechtlicher Sicht als ‚Ladung' angesehen. Für diese gilt, sie während der Fahrt so zu sichern, dass zu keiner Zeit eine Beeinträchtigung besteht. Verstöße werden mit Bußgeldern geahndet." Dramatische (finanzielle) Folgen können auf Sie zukommen, wenn ein nicht gesicherter Hund die Ursache für einen Unfall war – im schlimmsten Falle könnte es Sie sogar den Versicherungsschutz kosten!

Es gibt mehrere Möglichkeiten, einen Hund im Auto unterzubringen. Die sicherste Methode ist eine stabile Hundebox im Kofferraum eines Kombis. So kann der Hund weder durch den Kofferraum purzeln noch zum gefährlichen Geschoss bei einem Unfall werden. Tests haben gezeigt, dass ein Hund bereits bei einer Geschwindigkeit von nur 40 km/h eine Aufprallkraft entwickelt, die etwa dem Vierzigfachen seines Gewichts

Sicherungspflicht
Hunde müssen im Auto sicher untergebracht werden (links Hundebox, rechts Gurt).

entspricht. Aus einem 30 Kilogramm schweren Hund werden also umgerechnet 1400 Kilogramm, die im Moment eines Auffahrunfalls auf Sie bzw. die Windschutzscheibe zukommen. Bei derartigen Kräften hilft auch kein Netz, das manche Autofahrer als Abtrennung zwischen Kofferraum und Rückbank anbringen. Es wird mit Leichtigkeit durchbrochen – im Gegensatz zu einem stabilen Gitter! Zwar kann sich der Hund an diesem bei einem Aufprall verletzen, aber das Gitter verhindert zum einen eine Gefährdung der anderen Insassen und mindert auch die Verletzungsgefahr für den Hund, da er bei einem Unfall nicht durch das ganze Fahrzeug geschleudert werden kann.

Wer keinen Kombi besitzt, muss seinen Hund auf dem Rücksitz unterbringen. Hier gilt Anschnallpflicht! Bei der Wahl eines Geschirrs, das Sie an den Gurt anschließen können, sollten Sie in erster Linie auf Qualität und nicht so sehr auf den Preis achten. Bedenken Sie die oben beschriebenen Fliehkräfte! Ein schwerer Hund sollte – wenn möglich – immer im hinteren Teil eines Kombis untergebracht werden. Ein leichter Hund kann auch auf den Rücksitz, nicht jedoch auf den Beifahrersitz! Die Gefahr, dass Sie beim Fahren durch den Hund abgelenkt werden, ist viel zu groß! Im hinteren Teil des Autos ist der Hund durch den Vordersitz besser geschützt und bekommt zudem weniger von seiner Umgebung mit – bei sehr neugierigen Hunden ein klarer Vorteil.

Steht im Sommer eine lange Autofahrt an, sollte diese auf die kühleren Morgen- oder Abendstunden gelegt werden. Das gilt besonders für Hunde, deren Konstitution (z. B. durch ihr Alter) nicht mehr die Beste ist. Wichtig ist es, regelmäßige Pausen einzulegen, idealerweise alle zwei Stunden. So geben Sie Ihrem Hund die Möglichkeit, sich zu lösen, etwas zu trinken und sich die Beine zu vertreten.

Planen Sie bei langen Fahrten außerdem mindestens eine große Rast mit ausreichend Bewegung – in Form eines längeren Spaziergangs – ein. Sicherheitshalber immer mit Leine, denn gerade auf Autobahnraststätten besteht erhöhte Gefahr durch Glasscherben, Essensreste und herumliegenden Müll. Auch kann sich Ihr Hund wegen der ungewohnten Geräusche leichter erschrecken und davonlaufen.

Unterwegs mit der Bahn

Die Flexibilität, die das Autofahren bietet, fehlt beim Bahnfahren. Weder können Sie frei entscheiden wann es losgeht, noch wann und wie lange Pausen eingelegt werden. Und trotzdem ist die Fahrt mit dem Zug eine praktikable Alternative, wenn Sie mit Hund verreisen – denn Sie bietet auch viele Vorteile: Sie müssen sich nicht selbst hinters Steuer klemmen, der Hund hat im Zug mehr Bewegungsfreiheit als im Auto und die Fahrt ist grundsätzlich sicherer. Überschreitet Ihr Hund eine gewisse Größe, müssen Sie eine Fahrkarte für ihn lösen. Für den Flexpreis wie auch die Sparpreise im Fernverkehr der Deutschen Bahn muss der halbe Fahrpreis, für Länder-Tickets und das Schöne-Wochenende-Ticket sogar der volle Preis eines Erwachsenen berappt werden. Kleine Hunde bis zur Größe einer Hauskatze fahren dagegen erfreulicherweise umsonst! Voraussetzung dafür ist, dass sie ungefährlich sind und in einem Transportbehältnis (wie Handgepäck) untergebracht sind.

Für Hunde können keine Onlinetickets zum Selbstausdruck gebucht werden, auch ist keine Sitzplatzreservierung möglich. Die Fahrkarten gibt es am Automaten oder am Schalter. Ein Trick ist der Umweg über ein „Onlineticket für Kinder". Dieses wird per Post verschickt und kostet einen Aufschlag. Einen Anspruch auf einen Sitzplatz hat ein Hund dennoch nicht. Er muss unter bzw. vor Ihrem Sitz so untergebracht werden, dass er keine Beeinträchtigung für andere Fahrgäste darstellt. In diesem Zusammenhang gilt es auch zu beachten, dass Leine und Maulkorb mitzuführen sind. Beides muss gegebenenfalls bei Aufforderung eines Zugbegleiters angebracht werden, an-

Faustregeln für Alphatiere

Gefahr durch Überhitzung:
Die meisten Hundebesitzer wissen, dass ein in der Sonne geparktes Auto schnell zur tödlichen Falle für einen Hund werden kann. Im Frühjahr und Herbst unterschätzen viele diese Gefahr allerdings – doch auch dann reicht ein nur wenige Zentimeter geöffnetes Fenster nicht aus, um für eine ausreichende Luftzirkulation zu sorgen. Wenn Sie Ihren Hund im Auto lassen, parken Sie immer im Schatten und öffnen alle Fenster eine Handbreit! Denken Sie auch daran, dass vorüberziehende Wolken oder die Wanderung der Sonne den Schattenplatz ganz plötzlich zunichte machen können.

sonsten besteht die Gefahr, dass man des Zuges verwiesen wird.

Auch Zugfahren sollten Sie mit Ihrem Hund üben – zuerst mit kurzen Strecken. Das betrifft das Ein- und Aussteigen, aber auch die Organisation rund um den Sitzplatz. Klappt alles reibungslos, können Sie sich über die Anforderungen einer längeren Fahrt Gedanken machen. Vor einer solchen Reise sollte der Hund nichts mehr zu fressen bekommen, denn Gassi gehen ist unterwegs nicht möglich. Diesbezüglich ist es eher von Vorteil, wenn Sie umsteigen müssen, da der Umstieg eventuell einen kurzen Spaziergang ermöglicht. Fragen Sie zudem den Schaffner, ob und wenn ja wo längere Aufenthalte geplant sind, um diese für eine schnelle Gassirunde zu nutzen (Kotbeutel nicht vergessen!). Sollten Sie eine Nachtfahrt planen, haben Sie es meist leichter, da der Hund die Fahrt im besten Fall einfach verschläft, vielleicht sogar bequem im Schlafwagenabteil – das ist jedoch nur erlaubt, wenn Sie das komplette Abteil für sich gebucht haben.

Ab in den Flieger?

Hundebesitzer, die gerne ein weit entferntes Land bereisen würden, stehen vor der Frage, ob sie ihrem Hund die Strapazen eines Fluges zumuten können und möchten. Entscheidend sind dabei mehrere Faktoren: Natürlich die individuellen Gegebenheiten Ihres Hundes, also seine Größe und Konstitution, aber auch die Fluggesellschaft und die

DIE DREI SCHÖNSTEN HUNDE-STRÄNDE

1 Sylt: Auf der nordfriesischen Insel gibt es gleich 16 ausgewiesene Hundestrände! Leinenpflicht herrscht fast nirgendwo – und zwischen 1. November und 14. März stehen Hund und Halter sämtliche Strände Sylts zur freien Verfügung.

2 Rügen: Die größte Insel Deutschlands bietet 60 km Sandstrand. An vielen Stränden gibt es Abschnitte für Hundehalter, u. a. in Binz, Göhren und an der Landzunge Schaabe, die mit 10 km Länge die größte Auswahl an Spaziermöglichkeiten bietet.

3 Usedom: Auch Deutschlands zweitgrößte Insel hat reichlich Hundestrände und jede Menge hundefreundliche Unterkünfte. Speziell zur Verfügung gestellte Abschnitte gibt es u. a. in Karlshagen, Kölpinsee, Ahlbeck, Trassenheide, Peenemünde, Zempin und Zinnowitz. Darüber hinaus verfügt Usedom über viele Wanderwege durch den Nationalpark.

Dauer des Fluges. Allgemeingültige Regeln für das Fliegen mit Hunden gibt es nicht, daher ist es nötig, sich bei der jeweiligen Fluggesellschaft über die exakten Bedingungen zu informieren. Die meisten Fluglinien erlauben die Mitnahme von Hunden, in manchen Fällen ist sie hingegen ausgeschlossen. Glücklich können Sie sich schätzen, wenn Sie einen kleinen Hund besitzen. Denn dieser reist bei Ihnen in der Kabine mit – sofern er ein gewisses Gewicht (zirka 5 bis 8 Kilogramm) nicht überschreitet und durchgehend in einer Box untergebracht ist. Für diese gelten Maximalgrößen von zirka 55 x 40 x 23 cm.

Ob Ihr Hund in der Kabine mitfliegen darf, hängt nicht nur von seiner Größe, sondern auch von einer rechtzeitigen Buchung ab. Meist gibt es nämlich eine Höchstzahl an zugelassenen Hunden. Ist diese erreicht, ist kein weiteres Tier mehr erlaubt. Warten Sie mit der Buchung daher nicht zu lange und bedenken Sie immer die Flugdauer: Der Hund darf die Transportbox während des gesamten Fluges nicht verlassen! Überlegen Sie sich gut, welche Distanz Sie Ihrem Hund zutrauen bzw. zumuten können. Ihr Hund sollte bereits mehrere Stunden vor dem Abflug nichts mehr zu fressen bekommen haben, um zu vermeiden, dass er sich in der Transportbox lösen muss. Außerdem sollten Sie genügend Zeit einplanen, um mit ihm so kurz wie möglich vor Betreten des Flughafengebäudes noch einmal ausführlich Gassi zu gehen.

Mittelgroße und große Hunde sind im Passagierraum nicht erlaubt, sondern müssen im Frachtraum transportiert werden. Das ist mit erheblichen Strapazen für die Tiere verbunden. Die Lufthansa empfiehlt allen Haltern von „stumpfnasigen" Hunden, bei Temperaturen ab 27 Grad auf deren Mitnahme zu verzichten, da diese Rassen (und entsprechende Mischlinge) besonders hitze- und stressempfindlich sind und der Transport im Frachtraum unter diesen Umständen für die Hunde zu strapaziös sein könnte. Dieser Hinweis betrifft vor allem folgende Rassen: Boston Terrier, Boxer, Bulldogge, Chow-Chow, Griffon, Japanischer Chin, Englischer Toy Spaniel, Mops, Pekinese, Shi Tzu.

Spezielle Anforderungen gibt es auch für sogenannte Kampfhunde. Davon abgesehen, dass für sie besondere Ein- und Ausfuhrbestimmungen gelten (siehe „Einreisebestimmungen", S. 123), dürfen sie meist nur in speziellen Behältnissen transportiert werden. Bei den jeweiligen Anforderungen an eine Transportbox unterscheiden sich die Fluggesellschaften deutlich voneinander. Manche erlauben „Kampfhunde" gar nicht, einige stellen passende Hundeboxen zur Verfügung, andere haben spezielle Anforderungen an mitzubringende Boxen. Auch hinsichtlich des Preises für den Hundetransport gibt es die unterschiedlichsten Modelle: Teilweise werden Hunde als Übergepäck berechnet, es gibt aber auch Pauschalpreise.

Reisen ins Ausland

Gute Planung ist das A und O für einen gelungenen Urlaub mit Hund, vom hundegerechten Reiseziel über die Einhaltung rechtlicher Vorschriften bis zum rechtzeitigen Gesundheitscheck.

Auf einen Hundebesitzer kommen viele Fragen zu, wenn er mit seinem Hund ins Ausland fahren möchte: Welches Land eignet sich für eine Reise mit Hund – und welches gegebenenfalls eher nicht? Wird es eher ein Strandurlaub oder steht mir der Sinn mehr nach Wandern – oder Kultur? Entscheide ich mich für Camping, eine Ferienwohnung oder ein Hotelzimmer? Wie sehen die Einreisebestimmungen aus? Und welche Faktoren sollte ich vor bzw. während der Reise aus medizinischer Sicht alles beachten? Eine frühzeitige Planung hilft, all diese Fragen rechtzeitig zu klären, um Reisestress gar nicht erst aufkommen zu lassen.

Mit der Wahl des Urlaubsziels beginnt meist alles: Ein Strandurlaub in Südspanien mitten im Hochsommer dürfte für Ihren Hund sicherlich nicht die Erfüllung seiner Träume sein. Ein Aktivurlaub in einem nördlich gelegenen Land dagegen zum Beispiel schon. Vielleicht sind Sie ja nicht auf die üblichen Ferienzeiten angewiesen – das sollten Sie selbstverständlich ausnutzen, denn dann wird die Reise nicht nur billiger, sondern aufgrund weniger anderer Urlauber sicherlich auch wesentlich entspannter.

Um keine bösen Überraschungen am Urlaubsort zu erleben, verlassen sich immer mehr Urlauber auf die Erfahrungen von Reiseveranstaltern, die sich auf die Bedürfnisse von Hundebesitzern spezialisiert haben. Sie können beratend zur Seite stehen, egal, ob es um große oder kleine Fragen geht: Sind Hunde an dem schönen Strand direkt beim Hotel überhaupt erlaubt? Wie hundefreundlich ist mein Urlaubsland im Allgemeinen? Und wie ist das bei einer bestimmten Unterkunft im Speziellen? Eine gute Quelle sind auch immer andere Hundehalter aus der Nachbarschaft oder dem Hundeverein. Hier tauscht man sich gerne aus, gibt Tipps und kann von den Erfahrungen anderer profitieren.

Einreisebestimmungen

Steht das Urlaubsziel fest, sollten Sie sich mit den Einreisebedingungen und eventuellen Vorschriften im Land auseinander setzen. Wie in Deutschland gibt es auch in anderen Ländern sowohl überregionale Verordnungen, wie zum Beispiel eine allgemeine Leinenpflicht. Diese kann aber auch nur zu bestimmten Zeiten oder für bestimmte Gegenden (Strand, öffentliche Einrichtungen, Wälder) gelten. Ähnlich ist es mit den Vorschriften hinsichtlich eines Maulkorbs. In Belgien können örtliche Behörden das Tragen eines Maulkorbs fordern, in Frankreich wird dazu angeraten, in Italien sollte man zumindest immer einen dabei haben und in manchen Innenstädten Österreichs herrscht grundsätzlich Maulkorbpflicht. Informieren Sie sich möglichst genau, wie die Situation vor Ort ist.

Halter sogenannter Kampfhunde werden nicht nur steuerlich zur Kasse gebeten, für sie gelten fast überall auch besondere Vorschriften. Dänemark können Sie zum Beispiel als Reiseland streichen, wenn Sie eine der folgenden Rassen besitzen, deren Hal-

Checkliste

Bereit für den Flug?

Wenn Sie sich dazu entschlossen haben, Ihren Hund im Frachtraum eines Flugzeugs zu transportieren, beachten Sie folgende Hinweise:

- ☐ Gewöhnen Sie Ihren Hund bereits zu Hause an eine Transportbox.

- ☐ Ein mehrstündiger Aufenthalt in einer Box (bei geschlossener Tür) sollte ihm nichts ausmachen.

- ☐ Geben Sie ihm für den Flug ein „Schnüffeltuch" und ein vertrautes Spielzeug mit.

- ☐ Informieren Sie sich bei der Fluglinie über die Anforderungen der Box hinsichtlich Größe und Material.

- ☐ Beachten Sie Vorgaben hinsichtlich notwendiger Lüftungsschlitze.

- ☐ Der Innenraum der Box darf keine gefährlichen Ecken oder Kanten aufweisen.

- ☐ Die Box muss auslaufsicher sein und sollte mit saugfähigem Material ausgelegt sein.

- ☐ Informieren Sie sich, ob dem Hund vom Personal kurz vor dem Abflug Wasser zur Verfügung gestellt wird.

- ☐ Sprechen Sie mit Ihrem Tierarzt, ob er die Vergabe eines Beruhigungsmittels vor dem Flug für sinnvoll hält.

- ☐ Jungen, alten, kranken, scheuen oder trächtigen Hunden sollten Sie einen Transport im Frachtraum besser ersparen!

Boxentraining
Muss der Hund für eine Flugreise in die Box, sollte er frühzeitig daran gewöhnt werden.

tung, Zucht und Einfuhr dort verboten ist: Amerikanische Bulldogge, Amerikanischer Staffordshire Terrier, Boerboel, Dogo Argentino, Fila Brasileiro, Pitbull-Terrier, Kangal, Ovtcharka, Sarplaninac, Tornjak, Tosa Inu. Auch Frankreich ist bei einigen Rassen rigoros (Pittbulls, Mastiff, Tosa) und wertet es als Straftat, wenn diese eingeführt werden. Anders geht Ungarn mit diesem Thema um: Hier gibt es keine „gefährlichen Hunderassen"! Es zählt allein das individuelle Verhalten eines Tieres. Als Halter eines „Kampfhunds" würde man sich diesen Zustand wohl überall wünschen, die Realität sieht aber anders aus.

Regelungen für die Europäische Union

Grundsätzlich gilt für alle Reisen innerhalb der Europäischen Union die Verordnung Nr. 576/2013. Darin ist festgelegt:

▶ **Für Reisen innerhalb der EU-Mitgliedsstaaten** – bzw. bei (Wieder-)Einreise – sind der EU-Heimtierpass, eine gültige Tollwutimpfung und eine Kennzeichnung durch einen Mikrochip vorgeschrieben. Eine Kennzeichnung mittels Tätowierung ist nur noch gültig, wenn sie vor dem 3. Juli 2011 vorgenommen wurde und eindeutig lesbar ist.

▶ **Für Reisen nach Großbritannien,** Nordirland, Irland, Malta, Finnland und Norwegen ist eine Bandwurmbehandlung vorgeschrieben. Sie muss frühestens 5 Tage und spätestens 24 Stunden vor der Einreise von einem Tierarzt vorgenommen werden.

▶ **Welpen** können gegen Tollwut frühestens ab einem Alter von 12 Wochen geimpft werden. Die erste Impfung muss mindestens 21 Tage vor dem Grenzübertritt durchgeführt worden sein.

Diese Regelungen gelten für folgende Länder: Belgien, Bulgarien, Dänemark, Deutschland, Estland, Finnland, Frankreich, Griechenland, Großbritannien, Irland, Italien, Kroatien, Lettland, Litauen, Luxemburg, Malta, Niederlande, Nordirland, Österreich, Polen, Portugal, Rumänien, Schweden, Slowakische Republik, Slowenien, Spanien,

Tschechien, Ungarn, Zypern. Bedenken Sie bei einer Reise in ein anderes Land, dass diese Bestimmungen auch gelten, wenn Sie ein EU-Land im Rahmen der Reise lediglich durchqueren.

Regelungen für Nicht-EU-Staaten

In der Verordnung des Europäischen Parlaments sind auch die Ein- bzw. Rückreisebedingungen von Ländern außerhalb der EU geregelt. Folgende Länder entsprechen dem Tollwutstatus der EU, weshalb für die (Wieder-)Einreise dieselben Bestimmungen wie für EU-Länder gelten: Andorra, Faröer, Gibraltar, Grönland, Island, Lichtenstein, Monaco, Norwegen, San Marino, Schweiz, Vatikanstadt. Achtung: Je nach Land kann es dort zusätzliche Einreisebestimmungen bzw. Vorschriften geben!

Ebenso regelt die Verordnung die Einreisebedingungen für Länder, die einen vergleichbaren Status hinsichtlich der Tollwutsituation zeigen. Dazu zählen unter anderem Australien, Bosnien und Herzegowina, Kanada, Malaysia, Mexiko, Mazedonien, Russland, Vereinigte Arabische Emirate und Vereinigte Staaten von Amerika. Diese Länder müssen neben den EU-Bedingungen einen Nachweis über ihren Tollwutstatus erbringen. Das bedeutet: Wer aus diesen Ländern Tiere einführen möchte, benötigt eine Veterinärbescheinigung (gemäß Entscheidung 2004/824/EG).

Noch aufwändiger ist die Einfuhr aus allen nicht gelisteten Drittländern. Dann ist

Faustregeln für Alphatiere

Gefahren am Urlaubsort: Vermeiden Sie den Kontakt mit einheimischen Hunden (vor allem Streunern), denn sie können Krankheiten übertragen. Für Ausflüge empfiehlt sich eine spezielle Hunde-Trinkflasche. An heißen Tagen sollten Sie Aufenthalte in der Sonne während der Mittagszeit umgehen bzw. dem Hund ausreichend Möglichkeit bieten, sich im Schatten aufzuhalten. Badet Ihr Hund im Meer, sollte er spätestens am Abend abgeduscht werden, damit sein Fell nicht verklebt.

zudem eine Impftiterbestimmung durch ein zugelassenes EU-Labor vorgeschrieben. Diese darf frühestens 30 Tage nach erfolgter Impfung durchgeführt werden. Das sollten alle Hundefreunde bedenken, die einen verwaisten Hund aus Ländern wie Thailand, Ägypten oder der Türkei retten möchten. Sind nicht alle Bedingungen erfüllt, wird das Tier an der Grenze beschlagnahmt und gegebenenfalls mehrere Monate in Quarantäne gehalten.

Um mit Ihrem eigenen Hund keine Probleme zu bekommen, muss vor der Ausreise aus Deutschland ein Bluttest durchgeführt werden. Dieser darf ebenfalls frühestens 30 Tage nach einer Impfung erfolgen. Das positive Ergebnis des Tollwutantikörpertests muss im Heimtierausweis eingetragen werden.

Der EU-Heimtierausweis

Seit dem 29. Dezember 2014 gibt es einen neuen EU-Heimtierausweis. Zwar genügt für einen Hund prinzipiell auch ein normaler Impfausweis, wer ins Ausland reisen möchte, benötigt jedoch zwingend den neuen Ausweis! Dieser darf ausschließlich von dazu ermächtigten Tierärzten ausgestellt werden. Eine Übertragung der Daten aus dem Impfpass in den EU-Heimtierausweis ist kein Problem. Empfohlen wird in diesem Fall aber, beide Dokumente auf Reisen mit sich zu führen. Prinzipiell möglich ist auch weiterhin der Grenzübertritt mit Tieren, die keinen Mikrochip, sondern lediglich eine Tätowierung tragen. Allerdings nur, wenn das Tier vor dem Jahr 2011 tätowiert worden ist. Seit diesem Jahr ist der Identitätsnachweis ausschließlich per Mikrochip erlaubt! Sollte die Tätowierung kaum mehr erkennbar sein, ist zur Vermeidung von Problemen eine zusätzliche Identifizierung mittels Mikrochip sinnvoll.

Während ehemals auch Züchter einen Heimtierausweis ausfüllen durften, ist dies nunmehr Tierärzten vorbehalten. Dadurch soll der illegale Handel mit Tieren eingedämmt werden. Auch das Fälschen von Einträgen wurde erschwert, denn sobald der Tierarzt den Ausweis ausgefüllt hat, muss er die entsprechenden Seiten mit einer selbst-

Checkliste

Was gehört in die Reiseapotheke?

Die Reiseapotheke muss individuell für jeden Hund und das gewählte Reiseziel angepasst werden. Ihr Tierarzt wird Ihnen dabei sicherlich helfen. Zur Grundausstattung gehören sollten folgende Utensilien:

☐ Repellierende Spot-ons oder Halsbänder

☐ Persönliche Medikamente

☐ Mittel gegen Reisekrankheit

☐ Durchfallmittel

☐ Augen- und Ohrentropfen

☐ Desinfektionsmittel

☐ Wund- und Heilsalbe

☐ Augenwasser/Augentücher

☐ Beruhigungsmittel

☐ Zeckenzange

☐ Flohkamm

☐ Moskitonetz

☐ Erste-Hilfe-Set

klebenden Laminierung versiegeln. Dies betrifft nicht nur die Angaben zu Impfungen, sondern auch allgemeine Daten zur Kennzeichnung des Tieres. Der Hundebesitzer muss die Daten kontrollieren und mit seiner Unterschrift bestätigen. Selbiges gilt für den Tierarzt, der seinen Namen und Kontaktinformationen angeben muss. Darüber hinaus ist er verpflichtet, die Ausweisnummer zusammen mit der Nummer des Transponders und den Angaben über Hund und Halter aufzubewahren und gegebenenfalls einer Behörde zugänglich zu machen.

Im EU-Ausweis werden alle Impfungen und Behandlungen gegen Parasiten eingetragen. Grundvoraussetzung zum Erhalt des Ausweises ist eine Tollwutimpfung. Bei Welpen darf diese erst ab der 12. Lebenswoche durchgeführt werden. Da die Tollwutimpfung erst nach ca. 21 Tagen wirksam wird, dürfen Welpen also frühestens im Alter von 16 Wochen nach Deutschland eingeführt werden. Wer einen jüngeren Welpen aus dem Ausland mitbringt, verstößt gegen die EU-Verordnung. Achten Sie auch darauf, ob der Züchter als Erstbesitzer im Ausweis eingetragen ist.

Gesundheitsfragen

Vor jeder Reise sollten Sie einen frühzeitigen Besuch beim Tierarzt einplanen. Er kann das Tier untersuchen, eventuell nötige Impfungen durchführen und Ihnen Medikamente zur Prophylaxe von Reisekrankheiten mitgeben. Neben einer Tollwutimp-

fung können je nach Reiseland weitere Impfungen vorgeschrieben bzw. sinnvoll sein. Besprechen Sie mit Ihrem Tierarzt, welche Vorkehrungen Sie durchführen sollten. Die Medizinische Kleintierklinik der Ludwig-Maximilians-Universität München empfiehlt folgende Auslandsprophylaxen:

▶ **Babesiose:** Diese Krankheit wird häufig auch als „Hundemalaria" bezeichnet. Die einzelligen Blutparasiten werden in südlichen Ländern von der Braunen Hundezecke übertragen. Sie zerstören die roten Blutzellen, was zu Blutarmut führt. Die Tiere bekommen daraufhin hohes Fieber, sind schwach und fressen nicht. Als Prophylaxe eignen sich Spot-On-Präparate oder spezielle Halsbänder. Zur Vorbeugung und Therapie (in hochepidemischen Ländern wie z. B. Ungarn) kommt außerdem der Wirkstoff Imidocarb zum Einsatz.

▶ **Ehrlichiose:** Überträger dieser Krankheit ist ebenfalls die Braune Hundezecke. Sowohl Blutzellen wie auch das Knochenmark werden infiziert. Der Verlauf dieser Krankheit ist oft sehr schleichend und kann sich über Jahre hinziehen. Kennzeichen sind unter anderem Fieber und Mattheit. Zur Vorbeugung einer Infektion eignen sich repellierende (= abweisende) Spot-On-Präparate oder Halsbänder. Eine Antikörperbestimmung ist wie bei Babesiose frühestens vier Wochen nach dem Auslandsaufenthalt möglich.

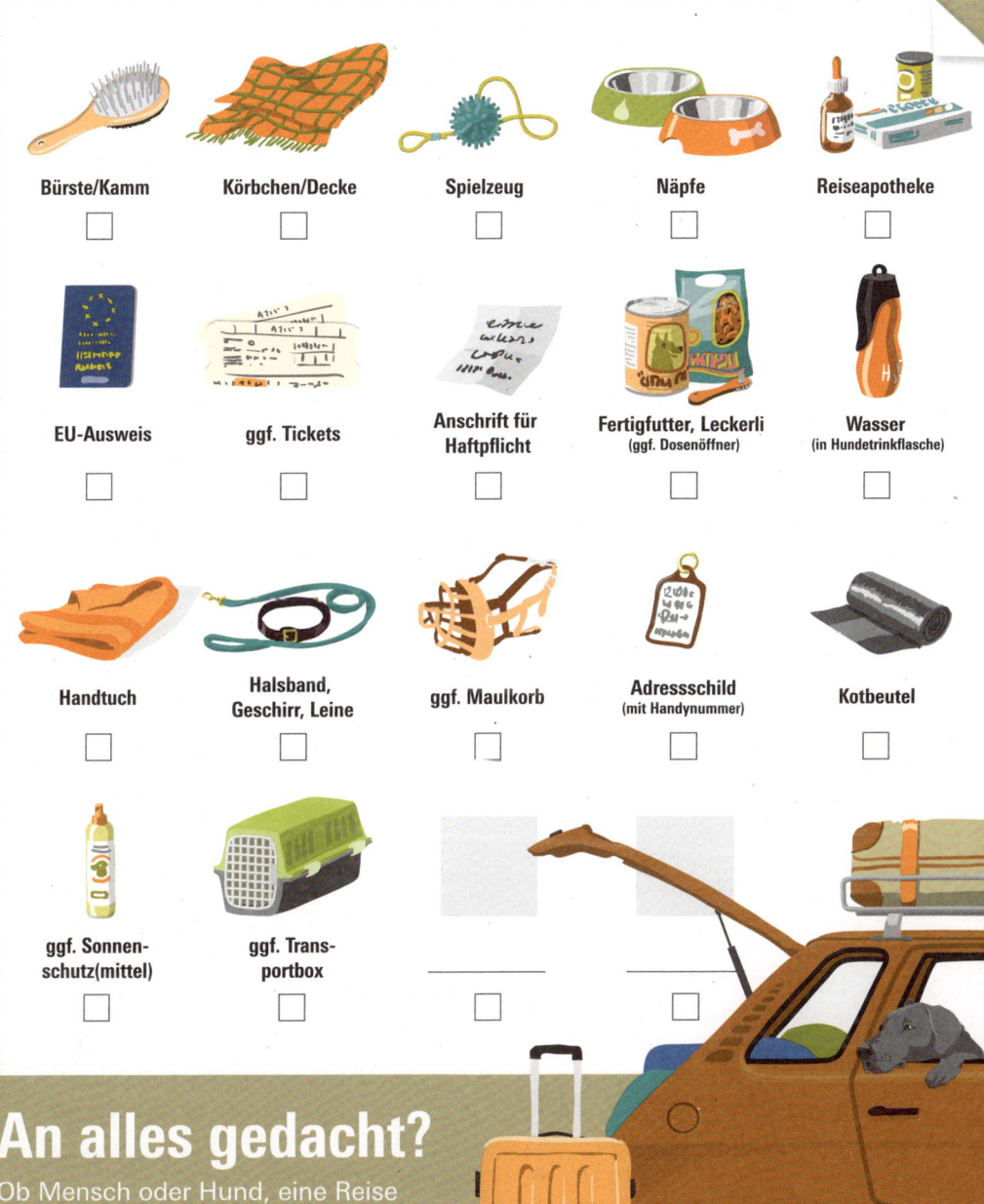

Bürste/Kamm ☐

Körbchen/Decke ☐

Spielzeug ☐

Näpfe ☐

Reiseapotheke ☐

EU-Ausweis ☐

ggf. Tickets ☐

Anschrift für Haftpflicht ☐

Fertigfutter, Leckerli (ggf. Dosenöffner) ☐

Wasser (in Hundetrinkflasche) ☐

Handtuch ☐

Halsband, Geschirr, Leine ☐

ggf. Maulkorb ☐

Adressschild (mit Handynummer) ☐

Kotbeutel ☐

ggf. Sonnenschutz(mittel) ☐

ggf. Transportbox ☐

☐

☐

An alles gedacht?

Ob Mensch oder Hund, eine Reise will gut vorbereitet sein. An oben stehende Utensilien sollten Sie denken, wenn der Hund mit in den Urlaub fährt.

▶ **Hepatozoonose:** Auch diese Krankheit wird durch Zecken ausgelöst, in diesem Fall durch das Verschlucken der Zecke, was vorkommen kann, wenn der Hund versucht, sich eine Zecke selbst mit dem Maul zu entfernen. Entdecken Sie eine Zecke am Körper Ihres Hundes, befreien Sie ihn daher immer gleich davon. Der Erreger der Hepatozoonose befällt Nieren, Lymphknoten, Milz, Knochenmark und weiße Blutzellen. Symptome sind Fieber und Blutarmut. Schützen können Sie Ihren Hund durch rechtzeitiges Absammeln von Zecken und Spot-On-Präparate oder Anti-Zecken-Halsbänder.

▶ **Dirofilariose:** Verursacher dieser Krankheit sind Würmer, die sich in den Lungenarterien und im Herz einnisten. Die Übertragung erfolgt durch Sandmücken, die die Wurmlarven übertragen. Bis zum Ausbruch der Krankheit können mehrere Monate vergehen. Sie äußert sich durch zunehmende Schwäche, Husten und Atemnot. Neben Spot-On-Präparaten sollten sie in mückenreichen Gegenden Spaziergänge in der Dämmerung vermeiden und den Hund nachts durch ein Moskitonetz schützen.

▶ **Leishmaniose:** Überträger sind Sandmücken, die sowohl Haut als auch Lymphknoten und Nieren befallen. Sichtbare Anzeichen der Krankheit sind Hautveränderungen, Durchfall und Erbrechen. Typisch sind darüber hinaus Fieberschübe und ein schlechtes Allge-

meinbefinden. Es gibt eine Impfung für Hunde ab dem 6. Monat. Nach einer Grundimmunisierung (drei Impfungen im Abstand von drei Wochen und eine Impfung ein Jahr später) muss eine jährliche Wiederholungsimpfung durchgeführt werden. Hunde, die vor Reiseantritt nicht mehr geimpft werden können, sollten prophylaktisch während des Aufenthalts Domperidon oder Allopurinol bekommen. Zum Schutz vor Sandmücken sollten alle Hunde ein repellierendes Halsband (Scalibor) oder Spot-on (Exspot) erhalten. Spaziergänge in der Dämmerung sollten vermieden werden, nachts ist der Hund mithilfe eines Moskitonetzes zu schützen.

▶ **Leptospirose:** Die Krankheit wird durch Bakterien hervorgerufen, die sich in stehenden, warmen Gewässern vermehren. Die Übertragung kann durch direkten Kontakt mit erregerhaltigem Urin erfolgen. In den meisten Fällen findet die Infektion aber über den Kontakt mit einem Gewässer statt. Zunächst treten oft keine Beschwerden auf, später macht sich die Krankheit durch Fieber, Mattigkeit, Fressunlust und Durchfall bemerkbar. Obwohl die Leptospirose in tropischen und subtropischen Ländern am häufigsten vorkommt, wird zum Schutz vor einer Infektion mit Leptospiren eine Impfung gegen bestimmte Serovare grundsätzlich bei allen Hunden, auch in Deutschland, empfohlen.

Wenn der Hund zu Hause bleibt

Eine lange Flugreise, hohe Temperaturen, Krankheit oder die allgemeine Konstitution Ihres Hundes können dafür sprechen, dass ein Urlaub ohne Hund die bessere Wahl ist.

Die meisten Hunde wären am liebsten immer überall dabei – und ein gemeinsamer Urlaub kann Mensch und Tier viel Freude bringen. Aber manchmal ist es dennoch besser, wenn der Hund nicht mit in den Urlaub reist, sondern zu Hause bleibt. Vielleicht möchten Sie sich den Traum einer Fernreise erfüllen, vielleicht erfordert Ihre Arbeitssituation, dass Sie nur im Hochsommer Urlaub nehmen können. Möglicherweise ist Ihr Hund aber auch kurzfristig krank geworden, kann im Alter auf die Strapazen eines Urlaubs gerne verzichten oder wird den Anforderungen einer bestimmten Reise einfach nicht gerecht. Bevor Sie ihn dann trotzdem „mitschleppen" ist es sicherlich besser, über Alternativen nachzudenken. Es gibt viele Möglichkeiten, den Hund zu Hause unterzubringen, während Sie weg sind. Doch ebenso wie eine Reise muss auch der Verbleib des Hundes gut vorausgeplant sein.

Fährt der Hund mit in den Urlaub, ist ein Tierarztbesuch einige Wochen vor Reiseantritt Pflicht. Dasselbe sollte auch gelten, wenn der Hund zu Hause bleibt. Es ist nicht nur beruhigend zu wissen, dass aus gesundheitlichen Gründen nichts gegen Ihre vorübergehende Abwesenheit spricht, es kann auch entscheidend dafür sein, ob Ihr Hund in einer Tierpension aufgenommen wird oder nicht, falls Sie darüber nachdenken, ihn temporär dort einzuquartieren (siehe Tierpension, S. 133). Und das ist auch gut so, schließlich möchte ja jeder das Beste für seinen Hund – und niemand möchte nach dem Urlaub feststellen, dass der Hund sich in der Tierpension Flöhe oder eine Krankheit eingefangen hat. Interessiert sich der Besitzer einer Tierpension nicht für die Gesundheit Ihres Hundes, sollten Sie stutzig werden und sich anderweitig umsehen!

Bleibt der Hund im Urlaub zu Hause, wird er sich wahrscheinlich am meisten darüber freuen, wenn er bei Freunden oder Verwandten unterkommt. Voraussetzung ist, dass diese den Hund gut kennen und wissen, wie man mit ihm umgeht. Lässt die dortige Wohnsituation den Umzug des Hundes nicht zu, kann er auch in seiner gewohnten Umgebung bleiben. Das setzt jedoch voraus, dass er kein Problem damit

Hundesitting
Über das Internet können Sie nach einem Hundesitter für die Urlaubszeit suchen.

hat, größere Zeit des Tages alleine zu bleiben. Außerdem muss man sich darauf verlassen können, dass die Vertrauensperson mehrmals am Tag vorbeischaut und sich Zeit für den Hund nimmt.

Nichts anderes wünscht man sich, wenn die Wahl auf einen (unbekannten) Hundesitter fällt, der die Betreuung vor Ort übernimmt. Über das Internet wird man schnell fündig, doch selbst wenn es sich um eine „offizielle" Plattform handelt, genügt hier Vertrauen allein nicht! Lassen Sie sich den Ausweis des Sitters zeigen und machen Sie eine Kopie davon bzw. notieren Sie sich alle relevanten Daten. Möchten Sie sich zusätzlich absichern, fragen Sie nach Referenzen. Darüber hinaus ist es sinnvoll, einen Betreuungsvertrag abzuschließen, in dem Dauer der Betreuung, Bezahlung, Umfang der Leistung, Fütterungszeiten und Spaziergänge genau festgelegt sind.

Ebenfalls in Betracht ziehen könnten Sie bei der Suche nach einer Bleibe den jeweiligen Züchter des Tiers. Bei ihm ist es keine Frage, dass er sich mit Hunden gut auskennt. Vielleicht freut er sich sogar, dass er

die Gelegenheit hat, einen seiner ehemaligen Welpen eine Zeit lang bei sich aufzunehmen.

Hundevereine

Lohnenswert kann es auch sein, sich frühzeitig im Hundeverein umzuhören – eventuell haben andere Hundehalter dort Interesse an einer gegenseitiger Betreuung: „Nimmst du meinen Hund, nehme ich deinen." Das bedeutet nicht nur, dass Sie Ihren Hund in einem Haushalt unterbringen können, in dem bereits ein Hund lebt – die Vierbeiner haben auch den Vorteil, dass sie sich aus dem Hundeverein bereits kennen. Allerdings müssen Sie im Gegenzug natürlich bereit sein, zu einem späteren Zeitpunkt mit einem weiteren Hund zurechtzukommen. Sollte Ihnen dieses Konzept der gegenseitigen Unterstützung gefallen, Sie aber keinen Tauschpartner finden, fragen Sie im nächsten Tierschutzverein oder Tierheim nach. Wenn die Situation vor Ort es erlaubt, wird vielleicht auch dort Urlaubsbetreuung angeboten. Das bietet nicht nur den Vorteil, dass sich ein qualifizierter Pfleger um Ihr

Luxus pur
Manche Hundehotels bieten alles, was das Hunde(besitzer)herz begehrt.

Tier kümmert, die Unterbringung ist meist auch preiswerter als in einer Tierpension. Das Tierheim Würzburg berechnet beispielsweise, je nach Größe des Hundes, 13 bis 15 Euro pro Tag und Hund. Da besonders in den Sommermonaten aufgrund vieler ausgesetzter Tiere die Kapazitäten schnell ausgeschöpft sind, sollten Sie sich allerdings frühzeitig um einen Platz bemühen.

Tierpension

Von der privat geführten Mini-Pension bis zum luxuriösen Hundehotel bietet sich hier eine enorme Auswahl. Ebenso groß ist die Spannbreite der Preise: Beginnend bei etwa 10 Euro, hört sie bei 100 Euro pro Tag noch nicht auf! Dementsprechend unterschiedlich kann die Unterbringung in einem Gemeinschaftszwinger oder in einem Einzelzimmer mit Komfortbett stattfinden. Es kann Einheitsfutter oder Futter nach Wahl geben. Die Betreuung kann liebevoll und verantwortungsvoll sein – oder der Hund wird mehr oder weniger abgeschoben. Schauen Sie sich deshalb infrage kommende Tierpensionen vorher unbedingt an!

Seien Sie bei der Auswahl einer Tierpension auf jeden Fall anspruchsvoll, schließlich geht es um das Wohl Ihres Hundes – und Ihr eigenes ruhiges Gewissen während des Urlaubs. Der Aufenthalt in einer Tierpension hat seinen Preis. Durchschnittlich müssen Sie mit 15 bis 25 Euro pro Tier und Tag rechnen. Bei 14 Tagen Urlaub ist das durchaus ein Kostenfaktor, der gerechtfertigt sein will.

Ob es Ihrem Hund letztendlich wirklich in der Unterkunft gefällt, hängt allerdings nicht nur von der jeweiligen Pension ab: Ein scheuer Hund wird in einem Rudel möglicherweise untergehen, „wesensfeste" Hunde haben dagegen selten ein Problem und genießen den für sie interessanten Aufenthalt in vollen Zügen. Sind Sie sich nicht sicher, ob eine Tierpension das Richtige für Ihren Hund ist, erkundigen Sie sich, ob ein zweitägiger Probeaufenthalt möglich ist. Manche Pensionsbesitzer halten das für unnötig, aber die Erfahrung zeigt, dass ein Hund beim zweiten Besuch deutlich entspannter ist.

Haben Sie die Unterkunft in Augenschein genommen und einen rundherum positiven Eindruck gewonnen, klären Sie

Geborgenheit
Um dem Hund den Aufenthalt in der Tierpension zu erleichtern, helfen persönliche Spielsachen.

den offiziellen Teil. In manchen Tierpensionen muss zusätzlich zum Vertrag zwischen Hundehalter und Pensionsbetreiber ein ausführlicher Fragenkatalog ausgefüllt werden, bei anderen befinden sich lediglich ein, zwei Fragen zu individuellen Eigenschaften Ihres Hundes auf dem Vertrag. Nehmen Sie sich Zeit und lesen alles gründlich durch. Im Vertrag werden die Rechte und Pflichten beider Vertragspartner aufgelistet. Neben geforderten Impfungen gehört dazu meist auch eine Tierhalter-Haftpflichtversicherung – wer noch keine hat, sollte spätestens jetzt eine abschließen (siehe „Versicherungen", S. 137).

→ Auch Urlaub zu Hause kann eine Option sein

Manchmal ist es besser, ganz auf einen Urlaub zu verzichten – zum Beispiel, wenn ein Welpe bei Ihnen eingezogen ist. Nutzen Sie Ihre freie Zeit besser zum Aufbau einer stabilen Mensch-Hund-Beziehung. Davon können Sie viele Jahre profitieren, auch bei späteren gemeinsamen Urlauben! Bei alten oder sehr kranken Hunden sollten Sie ebenfalls gut überlegen, ob ein Urlaub ohne Hund das Beste ist. Denn es ist nicht auszuschließen, dass Ihr geliebter Vierbeiner während des Urlaubs stirbt.

Ist der Tag der Abgabe gekommen, sollten Sie Ihrem Hund einiges an Gepäck mitgeben: Neben Leine, Geschirr und Halsband am besten auch eine gewohnte Liegeunterlage, ein Spielzeug und vielleicht ein Schnuffeltuch.

Sinnvoll ist es darüber hinaus, der Pension einige Informationen zu Ihrem Hund schriftlich mitzugeben. Hat er besondere Vorlieben, Ängste, Wünsche? Benötigt er bestimmte Medikamente und wie erreicht man im Notfall Ihren Tierarzt? Muss bei Ihrem Hund auf das Gewicht geachtet werden oder hat er einen empfindlichen Magen, sollten Sie entweder die komplette nötige Ration an Hundefutter mitbringen oder die Pension genau über die Anforderungen informieren.

Checkliste

Die gute Hundepension

Machen Sie sich vor Ort einen genauen Eindruck der Situation und achten Sie dabei besonders auf folgende Faktoren:

☐ **Gesamteindruck:** Wie wirkt die Pension insgesamt auf Sie?

☐ **Art der Unterbringung:** Wie sind die Hunde in der Pension untergebracht?

☐ **Sauberkeit:** Sind alle Räume der Pension gepflegt?

☐ **Voraussetzungen:** Was gilt es für die Aufnahme eines Hundes zu beachten?

☐ **Sachkundenachweis:** Verfügt der Betreiber über einen Sachkundenachweis nach § 11 des Tierschutzgesetzes?

☐ **Fachpersonal:** Haben Sie den Eindruck, dass das Pflegepersonal fachkundig ist?

☐ **Beziehung:** Stimmt die Chemie zwischen Pfleger und Ihrem Hund?

☐ **Andere Hunde:** Was machen die bereits in der Pension untergebrachten Hunde für einen Eindruck?

☐ **Zeit:** Wie viel Zeit nehmen sich die Pfleger für den einzelnen Hund?

☐ **Tagesprogramm:** Gibt es einen bestimmten Tagesablauf für die Hunde?

☐ **Einzelhaltung:** Besteht bei Problemen die Möglichkeit dazu?

☐ **Gesundheit:** Ist eine ausreichende medizinische Versorgung gegeben?

Versicherung und Recht

Ob Kaufvertrag, Haftpflichtversicherung, Hundeverordnung oder Krankenversicherung: Auch die eher „unangenehmen" Dinge sollten geregelt sein, damit es zu keinen bösen Überraschungen kommen kann.

Das Halten von Hunden ist in Deutschland von einer nahezu unüberschaubaren Anzahl von Rechtsfragen geregelt. Noch bevor ein Kaufvertrag mit einem Züchter abgeschlossen wird, sollte erst einmal die eigene Wohnsituation abgeklärt sein: Schließt Ihr Mietvertrag die Hundehaltung möglicherweise gänzlich aus? Darf vielleicht nur ein kleiner Hund gehalten werden? Können Sie in Ihrer Eigentumswohnung machen, was Sie wollen?

Zu diesen Fragen gibt es viele Gerichtsurteile, doch das Problem ist, dass sich die Gerichte uneinig sind. Denn es gibt keine bundesweit einheitlichen Vorschriften. Das gilt auch für den Abschluss einer Haftpflichtversicherung (siehe „Tier gut geschützt", S. 141): Eine solche ist jedem Hundehalter zu empfehlen, vorgeschrieben ist sie in einigen Bundesländern aber (noch) nicht. Noch differenzierter wird es bei der Hundesteuer (siehe „Pflichten des Hundehalters", S. 145), die jede Stadt oder Gemeinde für sich selbst regelt. Von null Euro bis zu über 1 000 Euro pro Hund ist dabei alles vertreten. Große Unterschiede gibt es auch beim Abschluss einer Krankenversicherung für Ihren Hund (siehe Krankenversicherung, S. 142). Hier lohnt es sich, die Bedingungen der verschiedenen Versicherungsgesellschaften zu vergleichen, um im Ernstfall gut abgesichert zu sein.

Hunde erlaubt?

Die Entscheidung ist gefallen: Sie möchten einen Hund kaufen! Erst einmal sollten Sie jedoch herausfinden, ob Ihre Wohnsituation die Haltung eines Hundes überhaupt erlaubt.

Es ist keine Selbstverständlichkeit, dass die Haltung eines Hundes in einer Wohnung oder einem Haus erlaubt ist. Sicher können Sie sich nur sein, wenn Sie ein eigenes Haus besitzen. Problematisch kann es bereits bei einer Eigentümergemeinschaft aus lediglich zwei Parteien werden. Ein Beispiel dafür ist ein Urteil des Oberlandesgerichts Karlsruhe, das entschied, dass sich ein Berner Sennenhund nicht in einem gemeinschaftlichen Garten frei bewegen dürfe (Az. 14 Wx 22/08). Grund dafür waren in diesem Fall vor allem die beiden vier und sechs Jahre alten Kinder der klagenden Partei. Schon aus der Größe des Tieres folge, dass es nicht ohne Leine im Garten unterwegs sein dürfe. Erlaubt sei der Aufenthalt dort lediglich mit einer maximal drei Meter langen Leine und unter Aufsicht einer mindestens 16 Jahre alten Person.

Zu Problemen kann es auch kommen, wenn Sie eine Eigentumswohnung in einer Wohnanlage besitzen. Sowohl wenn Sie diese selbst bewohnen, als auch wenn Sie sie vermieten, müssen Sie eventuell getroffene Gemeinschaftsvereinbarungen bezüglich der Hundehaltung beachten. Wurde in einer Eigentümergemeinschaft durch Mehrheitsbeschluss ein Hundehaltungsverbot ausgesprochen, können Sie über diesen Punkt nicht einfach hinwegsehen. Gibt es hingegen keine Vereinbarung, steht es Ihnen frei, wie Sie die Hundehaltung – als Bewohner oder Vermieter – regeln möchten.

Grundsätzlich sind im allgemeinen Gesetzestext zum Mietrecht weder die Rechte noch die Pflichten der Vertragsparteien bezüglich Tierhaltung geregelt. Als Mieter können Sie sich daher nur nach den vertraglich vereinbarten Bestimmungen richten. Diese können von einer Rundum-Erlaubnis bis hin zum uneingeschränkten Verbot der Tierhaltung gehen. Letzteres ist allerdings unwirksam, wie der Bundesgerichtshof 2013 feststellte (Az. VIII ZR 168/12). Denn diese Klausel schließt auch Kleintiere ein, und ein solches Verbot wäre eine zu große Einschränkung des Persönlichkeitsrechts des Mieters. In Bezug auf Hunde stellte der Bundesgerichtshof aber auch fest, dass die Unwirksamkeit dieser Klausel nicht gleichzeitig bedeute, dass ein Mieter einen Hund ohne Rücksicht auf Vermieter und andere Mieter halten dürfe. Für jeden Einzelfall müssen die Belange und Interessen von Mieter, Vermieter und Nachbarn abgewägt werden.

Mietrecht
Die Erlaubnis zur Hundehaltung ist keine Selbstverständlichkeit.

Wenn im Mietvertrag ein Verbot der Hundehaltung vereinbart wurde, ist dieses weitgehend wirksam und der Mieter muss sich daran halten. Zu Ausnahmen kann es kommen, wenn der Hund relativ klein ist und keinerlei Beeinträchtigung für andere Mieter darstellt. Legt der Mieter, wie in einem Fall vor dem Amtsgericht Köln (Az. 210 C 350/11), zudem eine Unterschriftenliste vor, die bestätigt, dass der Hund niemanden störe, dann spricht kein triftiger Grund gegen die Haltung. Dieses Glück hat aber nicht jeder Hundebesitzer, weshalb ein Verbot besser eingehalten werden sollte.

Die Konsequenzen könnten nämlich weitreichend sein: Als Mieter können Sie dazu verurteilt werden, den Hund abzugeben, oder Ihnen kann die Wohnung gekündigt werden. Zudem könnten andere Mieter aufgrund einer Beeinträchtigung (z. B. ständiges Bellen, Geruchsbelästigung, Verschmutzung) eine Mietminderung geltend machen, für die Sie als Hundehalter aufzukommen hätten.

Im besten Fall ist die Hundehaltung vertraglich erlaubt. Dann sind Sie erst einmal auf der sicheren Seite. Ein Freifahrtschein ist aber selbst diese Formulierung nicht: Zu viele, sehr große, störende oder aggressive Hunde können zur Folge haben, dass der Vermieter – notfalls unter Einbeziehung eines Gerichts – entsprechende Einschränkungen ausspricht. Dazu kann es im Übrigen auch kommen, wenn in Ihrem Mietvertrag bezüglich Tierhaltung gar nichts festgehalten worden ist.

In der Regel enthalten Mietverträge in Deutschland hinsichtlich der Haltung von Hunden eine Klausel, in der festgelegt wird, dass die Zustimmung zur Hundehaltung widerrufen werden kann, wenn vom Tier eine Belästigung ausgeht. Diese Regelung stellt einen recht fairen Kompromiss dar, denn so hat jeder Hundehalter ein berechtigtes Interesse daran, dass das Zusammenleben mit den Nachbarn harmonisch verläuft. Ein kleiner Hund, der durchs Treppenhaus getragen wird, stört niemanden – ein großer, stürmischer Hund, der laut bellend und mit dreckigen Pfoten durchs Haus rast, wird dagegen schnell den Unmut der Nachbarn auf sich ziehen.

Die Übergabe
Zum Welpenkauf gehören immer ein Kaufvertrag und der EU-Heimtierausweis.

Der Kaufvertrag

Wenn Sie sich für einen Hund entschieden haben, sollte der Kauf mit einem Vertrag besiegelt werden. Zwar sind auch mündliche Verträge wirksam, doch aus Gründen der Beweislast empfiehlt sich ein schriftlicher Kaufvertrag. Hundezüchter haben in den meisten Fällen bereits einen Kaufvertrag aufgesetzt, der neben der Anschrift von Käufer und Verkäufer auch umfangreiche Angaben zum Hund enthält (Name, Rasse, Geburtsdatum, Geschlecht, besondere Kennzeichen, Zuchtbuch-Nummer). Wichtig sind darüber hinaus Informationen über die Kennzeichnung des Hundes (Mikrochip-Nummer) und Angaben rund um die Gesundheit: Welche Impfungen hat der Hund bereits enthalten? Ist er kastriert? Sind Krankheiten bzw. „Mängel" bekannt? Diese könnten sich zum Beispiel auf Wesenseigenschaften beziehen (mag keine Kinder, ist sehr ängstlich, bellt viel, ist aggressiv).

Weiterhin enthält ein Vertrag Angaben über den Kaufpreis und die Rechte bzw. Pflichten des Käufers wie auch Verkäufers. Manche Züchter legen zum Beispiel fest, dass der Hund artgerecht zu halten ist – und das auch überprüft werden darf. Zudem kann ein Zuchtverbot auferlegt werden oder es besteht die Verpflichtung, den Züchter beim Weiterverkauf des Hundes zu informieren. Vor allem aber geht es im sogenannten Kleingedruckten um eventuelle Mängel, die später zutage treten können. Dazu kann zum Beispiel zählen, dass ein Hund, der als „besonders kinderfreundlich" bezeichnet wurde, sich anschließend aber aggressiv zeigt. Selbiges gilt für einen Zuchtrüden, der sich im Nachhinein als zuchtuntauglich herausstellt. Ein Mangel kann auch vorliegen, wenn der Hund eingetragene Impfungen gar nicht erhalten hat oder eine Krankheit aufweist, die dem Züchter bei der Übergabe bereits bekannt war, von ihm aber vorsätzlich verschwiegen wurde.

Liegt ein Mangel vor, so muss der Käufer zunächst Nacherfüllung verlangen. Denkbar und recht leicht umsetzbar ist dies hinsichtlich nicht erfolgter Kastrierung, Impfung oder einer heilbaren Krankheit. Kommt der Verkäufer der Nacherfüllung nicht nach – oder ist diese nicht möglich

(z. B. bei einer unheilbaren Krankheit) – , kann der Käufer Minderung oder Schadenersatz verlangen oder vom Vertrag zurücktreten. Letzteres ist jedoch im Allgemeinen nur möglich, wenn der Mangel erheblich ist. Zudem müssen gewisse Fristen eingehalten werden: Die Mängelgewährleistungsfrist beträgt 2 Jahre ab Übergabe des Tiers. Stellt sich heraus, dass ein Verkäufer einen ihm bekannten Mangel absichtlich verschwiegen hat, verlängert sich die Frist um ein weiteres Jahr. Je größer bzw. schwieriger die Beurteilung eines Mangels ist, umso mehr empfiehlt es sich, rechtzeitig einen auf Tierrecht spezialisierten Rechtsanwalt hinzuzuziehen.

Tierisch gut geschützt

Halter haften für ihre Hunde! Daher gehört eine Hundehaftpflicht zur Grundausstattung jedes Hundebesitzers. Auch eine Krankenversicherung ist im Ernstfall sehr beruhigend.

Selbst im Schlaf kann ein Tier großen Schaden anrichten – als Beispiel sei hier der Fall einer 61-jährigen Frau genannt, die über einen dösenden Schäferhund stolperte und sich dabei das Knie verletzte. Das Oberlandesgericht Hamm sprach ihr in der Folge Schadenersatz und Schmerzensgeld in Höhe von 15 000 Euro zu – zahlbar vom Halter des Hundes. Grundlage für dieses Urteil ist der Paragraf 833 des Bürgerlichen Gesetzbuchs, wonach Tierhalter grundsätzlich für Schäden haften, die ihr Tier verursacht. Und zwar unabhängig davon, ob eigenes Verschulden vorliegt. Eine Gefährdungshaftung ist stets durch die „Unberechenbarkeit tierischen Verhaltens" gegeben. Im Falle von Kleintieren wie Katzen sind Halter durch ihre private Haftpflichtversicherung geschützt. Schäden durch einen Hund deckt diese jedoch nicht ab. Deshalb gibt es eine spezielle Hundehaftpflicht, die jedem Hundehalter zu empfehlen ist.

In einigen Bundesländern können Sie (noch) selbst entscheiden, ob Sie eine Haftpflichtversicherung für Ihren Hund abschließen, in Berlin, Hamburg, Niedersachsen, Sachsen-Anhalt, Schleswig-Holstein und Thüringen besteht dagegen Versicherungspflicht. Spezielle Regelungen gibt es darüber hinaus für sogenannte Kampfhunde (auch Listenhunde genannt), die in manchen Bundesländern (z. B. Baden-Württem-

Rechtliche Vorgaben
Besonders Besitzer von sogenannten Listenhunden müssen mit verschärften Vorschriften rechnen.

berg) auch dann eine Hundehaftpflicht benötigen, wenn sie grundsätzlich für andere Hunderassen nicht verpflichtend ist. Da diese Versicherung aber jedem anzuraten ist, stellt die Verordnung keinen wirklichen Nachteil dar. Im Gegenteil, jedem fällt ein Stein vom Herzen, wenn der Ernstfall eintritt – und das geht schneller als man denkt: Der Hund rennt auf die Straße und verursacht einen Verkehrsunfall, oder er dreht plötzlich auf dem Radweg um und bringt einen anderen Fahrradfahrer zu Fall, oder er beschädigt etwas in der Wohnung des Nachbarn, ist in einen Hundekampf verwickelt oder es kommt ungewollt zu einem Deckakt. In all diesen Fällen kommt eine Hundehaftpflicht für entstandene Schäden auf. Zumindest, wenn nicht der eine oder andere Punkt ausgeschlossen wurde. Daher lohnt sich ein Blick ins Kleingedruckte!

Finanztest hat im April 2016 insgesamt 116 Tarife der unterschiedlichsten Versicherungsgesellschaften getestet. Dabei zeigte sich, dass die Preise stark variieren. Ab 57 Euro und bis über 200 Euro kann eine Police jährlich kosten. Wer bereits einen anderen Versicherungsvertrag bei einem Anbieter hat, zahlt für die Hundehaftpflicht oft deutlich weniger. Manche Versicherer gewähren auch Nachlass bei weiteren Hunden. Besitzer von großen oder als gefährlich eingestuften Hunden müssen dagegen häufig mehr zahlen. Sie bekommen auch längst nicht jeden Tarif.

Krankenversicherungen für Hunde

Beinahe 90 Prozent aller Hundehalter gehen mindestens einmal im Jahr mit Ihrem Hund zum Tierarzt. Meistens handelt es sich um Routineuntersuchungen, Impfungen oder kleinere Leiden: Bei jungen Tieren treten oft Durchfall und Erbrechen auf, bei älteren Tieren kommt es zum Beispiel zu Knochenleiden. Im Schnitt kommt ein Hundehalter so auf jährliche Arztkosten von 100 bis 200 Euro. Abgerechnet wird in der Form, wie wir es von privaten Krankenkassen kennen: Es gibt eine Gebührenordnung, in der die meisten Leistungen mit dem ein- bis zweifachen Gebührensatz abgerechnet werden, aufwändige Operationen auch mit dem dreifachen.

Checkliste

Unterschiede bei der Hundehaftpflicht

Vor dem Abschluss einer Hundehaftpflichtversicherung gilt es, die Konditionen zu vergleichen. Achten Sie bei der Wahl eines Versicherungstarifs besonders auf folgende Punkte:

☐ **Der Deckungsschutz** sollte nicht zu niedrig angesetzt sein. Ein guter Richtwert sind mindestens 3 Millionen Euro, besser sind sogar 5 oder 10 Millionen.

☐ **Wenn Sie einen Rüden besitzen,** können Sie sich gegen einen „ungewollten Deckakt" absichern: Wird eine Hündin ungewollt von Ihrem Hund gedeckt, kommt die Versicherung für die in der Folge entstehenden Tierarztkosten und die Aufzucht der Welpen auf.

☐ **Besitzen Sie eine Hündin**, mit der Sie eventuell züchten möchten, kann es sinnvoll sein, die Welpen bis zu einem gewissen Alter mitzuversichern.

☐ **Überprüfen Sie,** ob der Versicherungsschutz auch gilt, wenn andere Personen (zum Beispiel ein Freund, ein Nachbar oder ein Tiersitter) auf den Hund aufpassen bzw. mit ihm unterwegs sind.

☐ **Eine Verpflichtung** zu Leinen- und Maulkorbzwang ist immer sehr kritisch zu betrachten. Prüfen Sie, ob in den Versicherungsbedingungen dahingehend etwas festgelegt ist.

☐ **Aufenthalte im Ausland** mitzuversichern, kann gegebenenfalls sinnvoll sein – je nachdem, wie viel und wohin Sie mit Ihrem Hund unterwegs sind. Achten Sie darauf, ob es hierfür eine zeitliche Beschränkung gibt.

☐ **Durch einen Hund** verursachte Schäden an Mietsachen gehören nicht immer zu den üblichen Leistungen einer Hundehaftpflicht – das ist lediglich der Fall, wenn der Schaden in einer Fremdwohnung auftritt.

☐ **Schäden in Ferienwohnungen,** die Ihr Hund verursacht hat, lassen sich ebenfalls versichern – auch das kann, je nach persönlichen Urlaubsvorlieben, von Vorteil sein.

Teuer kann es werden, wenn ein Klinikaufenthalt oder eine Operation ansteht. Schnell können dann einige hundert oder sogar mehrere tausend Euro fällig werden. Um die Kosten für solche Situationen im Griff zu haben, überlegen Tierhalter oft, eine Krankenversicherung abzuschließen. Finanztest hat sich im Februar 2016 das Angebot angesehen und urteilt: „Die Verträge sind teuer und kompliziert. Unterschiedliche Leistungen und finanzielle Obergrenzen machen einen Vergleich schwierig. Einen günstigen Tarif für alle Fälle gibt es nicht." Ob man überhaupt eine Krankenversicherung für den Hund abschließen sollte, lässt sich im Voraus nicht sagen. Wer einen Rassehund mit gewisser Anfälligkeit für verschiedene Krankheiten besitzt, oder wer sehr aktiv ist und viel Hundesport betreiben möchte, für den lohnt sich die Investition eher als für ein braves Schoßhündchen.

Möchten Sie eine Krankenversicherung abschließen, sollten Sie das frühzeitig machen. Zum einen gibt es bei manchen Tarifen ein Höchstalter hinsichtlich des Eintritts, zum anderen sind junge Tiere im Allgemeinen noch kerngesund und werden problemlos aufgenommen. Liegt erst einmal eine Krankheit vor, müssen Sie diese bei Eintritt der Versicherung melden. Bedenken Sie: Die Versicherungsgesellschaft kann ein Gesundheitszeugnis verlangen oder Ihren Tierarzt zur Krankengeschichte befragen. Ehrlichkeit zahlt sich daher aus. Der Finanztestvergleich zeigte: Die fünf untersuchten Versicherer verfügen über jeweils zwei Tarifarten, nämlich den Operationskostenschutz und den teureren Krankenvollschutz. Hohe Operationskosten sichern beide Tarife ab. Beim Krankenvollschutz werden zudem Heilbehandlungen und eingeschränkt Vorsorgemaßnahmen wie etwa Impfungen übernommen. Allerdings verlangen alle Anbieter von Vollversicherungen eine Selbstbeteiligung, die meist bei 20 Prozent liegt.

Nur teilweise gilt dies auch für den deutlich preiswerteren Operationskostenschutz. Während Sie hier mit einem Jahresbeitrag von durchschnittlich 150 – 200 Euro rechnen müssen, schlagen Vollversicherungen mit 400 – 600 Euro zu Buche. Eine unbegrenzte Übernahme der Kosten gibt es in beiden Varianten nur in seltenen Fällen. Fast immer liegt die Jahreshöchstgrenze der übernommenen Kosten zwischen 2 000 und 4 000 Euro.

Was Hundehalter außerdem wissen sollten: Übliche Behandlungen bei Hunden im höheren Alter sind Zahnstein- und Zahnentfernung. Beides wird nur unter Narkose durchgeführt. Zahnsteinentfernung ist jedoch keine chirurgische Maßnahme und wird daher nicht von der Operationskostenschutzversicherung übernommen. Dennoch ist diese Form der Krankenversicherung die gebräuchlichste, denn mit ihr sind Hundehalter für den Fall einer teuren Operation (etwa bei einem gebrochenen Lauf, Kreuzbandriss oder Geschwür) abgesichert.

Pflichten des Hundehalters

Nicht nur die Hundesteuer ist vielen Hundehaltern ein Dorn im Auge, Vorschriften gibt es auch hinsichtlich Leinenpflicht, Hundeführerschein oder des Haltens „gefährlicher" Hunde.

Die gesetzliche Hundesteuer

Die Hundesteuer wird in Deutschland bereits seit über 200 Jahren erhoben – und ebenso lange gibt es Diskussionen über ihre Sinnhaftigkeit. Warum müssen zum Beispiel Katzenbesitzer keine Katzensteuern zahlen? Etwa wegen der geringeren Verschmutzung, die eine Katze verursacht? Das mag bis zu einem gewissen Grad stimmen, doch andererseits ist es so, dass die Hundesteuer vom Staat gar nicht für die Beseitigung von Hundekot ausgegeben werden muss. Die Gelder fließen vielmehr in einen gemeinsamen Topf und dürfen für beliebige Projekte eingesetzt werden.

Zudem ergab eine Studie von Prof. Dr. Renate Ohr (Lehrstuhl für Wirtschaftspolitik der Georg-August-Universität Göttingen), dass maximal 10 bis 20 Prozent der Einnahmen für die Kotbeseitigung benötigt würden. Die Einnahmen übertreffen die Ausgaben um ein Vielfaches.

Dennoch halten viele Gemeinden in Deutschland weiter an der Hundesteuer fest. Dazu gezwungen sind sie nicht: Jeder Gemeinde steht es frei, die Höhe der Hundesteuer selbst festzulegen. Einige wenige zeigen sich großzügig und haben sie ganz abgeschafft. Zumeist bewegt sie sich zwischen 60 und 120 Euro pro Jahr, in manchen Städten muss dagegen mit über 200 Euro jährlich für den ersten Hund gerechnet werden (siehe Übersichtskarte, S. 147). Beim zweiten Hund ist es außerdem nicht selten der Fall, dass sich die zu zahlende Hundesteuer gar verdoppelt. Hintergedanke dieser Maßnahme ist es, die Anzahl der Hunde zu begrenzen.

Tief in die Tasche greifen müssen alle Halter sogenannter Kampfhunde. Dass dies rechtens ist, wurde bereits mehrfach vor Gericht bestätigt, unter anderem 2013 vor dem Bundesverwaltungsgericht (BVerwG 9 C 8.13). Demnach dürfen Kommunen auf „Kampfhunde" höhere Steuern erheben als auf Hunde anderer Rassen, mit der Einschränkung, dass diese nicht höher sein dürfe als die Haltungskosten. Insoweit hatten die Besitzer eines Rottweilers in der Gemeinde Bad Kohlgrub Recht bekommen, dass eine jährliche Steuer von 2 000 Euro (statt 75 Euro) überzogen sei. Inzwischen hat die Gemeinde die Steuer auf 900 Euro gesenkt. Für viele Hundebesitzer sind die hohen Steuern dennoch ein Grund, sich keinen „Kampfhund" anzuschaffen.

Immer wieder wird darüber diskutiert, ob die Erhebung einer Hundesteuer für Gemeinden aus finanzieller Sicht überhaupt vorteilhaft ist. Denn Hundebesitzer sorgen für mächtig Einnahmen über die Umsatzsteuer, die sie für Produkte rund um den Hund ausgeben. Diese gehen einer Gemeinde verloren, wenn sich potenzielle Hundebesitzer aufgrund der Hundesteuer gegen einen Hund entscheiden. Vielleicht ist das ja der Grund dafür, dass einige andere europäische Länder (z. B. Spanien, England, Schweden) auf die Hundesteuer gänzlich verzichten. So sparen sie sich auch den damit verbundenen bürokratischen Aufwand. Noch zählt Deutschland allerdings nicht zu diesen Ländern, weshalb hierzulande jeder Hund innerhalb einer gewissen Frist – am besten umgehend – angemeldet werden und in der Öffentlichkeit mit einer Hundemarke gekennzeichnet werden muss. Ausnahmen gibt es nur für Gebrauchshunde wie Jagd-, Dienst- oder Blindenführhunde.

So viel kostet ein Hund

Wie viel Herrchen und Frauchen an Hundesteuer zahlen müssen, hat Finanztest im Jahr 2015 untersucht und dafür 70 deutsche Städte und Gemeinden verglichen. Der Steuersatz hängt vom Wohnsitz ab, da jede Gemeinde die Höhe in Eigenregie festlegen darf. In der Regel ist die Hundesteuer auf dem Land günstiger als in der Stadt. So ist das bayerische Windorf mit null Euro ein wahres Steuer-Eldorado für Hundebesitzer.

Teuer wird es meist in Großstädten, zum Beispiel 186 Euro in Mainz. Die Übersichtskarte auf der rechten Seite zeigt teure und günstige Beispiele.

Leine und Maulkorb

Auch wenn Sie einen zuverlässigen Begleiter haben: Mit Hund sollten Sie nie ohne Leine aus dem Haus gehen. Jeder Hundehalter kennt Situationen, in denen es besser ist, die Leine freiwillig anzulegen. Manchmal bleibt Ihnen auch gar nichts anderes übrig, denn an vielen Orten herrscht Leinenpflicht – in Hamburg zum Beispiel generell im gesamten Stadtgebiet, außer auf speziellen Hundeauslaufzonen oder wenn Ihr Hund eine „Gehorsamsprüfung" erfolgreich absolviert hat. Selbst dann gilt aber Anleinpflicht in Einkaufszentren, Fußgängerzonen, Aufzügen und auf öffentlichen Veranstaltungen. Außerdem in der Nähe von Schulen, Spielplätzen und Kindereinrichtungen.

Diese Regelung gilt in ähnlicher Form für fast ganz Deutschland. Sie kann jedoch in jedem Bundesland und jeder Gemeinde anders lauten, weshalb Sie sich bei der Anschaffung eines Hundes bei Ihrer zuständigen Behörde über die exakten Vorschriften informieren sollten.

Nicht nur innerhalb von Ortschaften gibt es Vorgaben, auch in der Natur: In Schleswig-Holstein schreibt das Waldgesetz ganzjährig Leinenpflicht vor, in Sachsen-Anhalt gilt sie vom 1. März bis 15. Juli. Wenn Sie einen Hund haben, der zum Wildern neigt,

Günstige Preisbeispiele[1] je Bundesland

Mittlere Preisbeispiele[1] je Bundesland

Teure Preisbeispiele[1] je Bundesland

Landeshauptstadt

Schleswig-Holstein
Eckernförde 66
Husum 70
Kiel 126
Zingst 41
Rostock 108
Lübeck
Dassow 30
Schwerin
Neubrandenburg 96
Hamburg 144
Bremerhaven 90
Hamburg 90
Boizenburg 40
Mecklenburg-Vorpommern 108
Oldenburg
Bremen 108
Bremen 123
Ahausen 36
Seehausen 20
Kremmen
Berlin 24
Potsdam 120
Niedersachsen
Osnabrück
Gronau 42
Hannover 132
Wolfsburg 80
Magdeburg 84
Brandenburg
Cottbus 72
Münster 96
Bad Salzuflen 68
Sachsen-Anhalt 96
Luckenwalde 30
Nordrhein-Westfalen
Dortmund 156
Delbrück 48
Kassel 90
Steigra 10
Halle 100
Leipzig
Jesewitz 25
Dresden 108
Hagen 180
Hagen 160
Düsseldorf 96
Wuppertal 156
Köln
Thüringen
Erfurt
Chemnitz 96
Sachsen 100
Wohratal 54*
Barchfeld Immelborn 40
Jena 84
Lauscha 108
Lauscha 60
Morshausen 36
Wiesbaden
Mainz 96
Mainz 186
Frankfurt a. M.
Offenbach a. M. 90
Offenbach a. M. 75
Offenbach 80
Hessen
Rheinland-Pfalz
Trier
Sulzbach 110
Kaiserslautern
Heidelberg 108
Würzburg
Nürnberg 132
Schwandorf 15
Saarbrücken
Saarland
Sulzbach 50
Homburg 60
Kaiserslautern 102
Homburg 120
Stuttgart 108
Ingolstadt 65
Windorf 0
Passau 30
Bayern
Ulm 108
Augsburg 84
München 100
Rosenheim 40
Freiburg 102
Tübingen 144
Wain 36
Baden-Württemberg
Ettal 1

1) Beispiele aus unserer Umfrage zur Höhe der Hundesteuer für den ersten Hund in den gezeigten Städten und Gemeinden. Steuer pro Jahr auf volle Euro gerundet.
* Geändert am 15.4.2015.

Stand: März 2015

© Finanztest 2015

Maulkorbpflicht
Je nach Rasse muss
mit Maulkorbpflicht
gerechnet werden.

sollten Sie ihn besser immer anleinen oder beim Gassigehen Wälder meiden. Denn das Bundesjagdgesetz erlaubt es Jägern, auf wildernde Hunde zu schießen! Da Jäger und Hundehalter sehr unterschiedliche Ansichten darüber haben können, ob ein Hund noch unter der Kontrolle seines Halters steht, ist besondere Vorsicht geboten. Der Hund sollte immer in Sichtweite und am besten in einem engen Radius um Sie herum unterwegs sein. Es gab schon viele Rechtsstreite, nachdem ein Jäger einen Hund geschossen hat. Und selbst wenn sich herausstellen sollte, dass der Abschuss unerlaubt war: Ihren Hund bringt ein gewonnener Rechtsstreit nicht wieder zurück.

Für „Kampfhunde" gelten wie so oft auch hier besondere Vorschriften. Nachdem etwa seit dem Jahr 2000 ein Bundesland nach dem anderen Listen herausgebracht hat, die pauschal bestimmte Hunderassen (z. B. Pitbull Terrier, Staffordshire Terrier, Bullterrier) als gefährlich einstufen, wurden infolgedessen auch etliche weitere Vorschriften verabschiedet. Unter anderem gilt für die genannten Rassen fast immer und überall

Leinenpflicht und häufig auch Maulkorbpflicht. Eine Befreiung davon ist nur in Ausnahmefällen und nach bestandenem „Wesenstest" möglich.

Hundeführerschein, Sachkundenachweis und Wesenstest

Nicht nur zum Führen eines Fahrzeugs wird ein Führerschein benötigt, in Hamburg gilt das auch für die Haltung eines Hundes, zumindest wenn man von der gesetzlichen Pflicht befreit sein möchte, seinen Hund generell anleinen zu müssen. Gar nichts mehr geht ohne Hundeführerschein in Niedersachsen: Seit dem 1. Juli 2013 gilt Führerscheinpflicht vom Chihuahua bis zur Dogge. Interessant ist der Vorstoß von Schleswig-Holstein, Steuerermäßigungen für Hundebesitzer zu gewähren, die freiwillig einen Hundeführerschein bzw. Sachkundenachweis ablegen. Nicht darum herum kommen alle als gefährlich eingestuften Hunde. Deren Besitzer müssen eine theoretische und praktische Sachkundeprüfung absolvieren, um den Hund weiterhin halten zu dürfen. Je nach Bundesland können sich diese in Inhalt, Umfang und anschließender Geltung voneinander unterscheiden. Ziel des Sachkundenachweises ist es, die Befähigung zum Halten und Führen „gefährlicher Hunde" zu erlangen.

66 Der „Wesenstest" unterscheidet zwischen „gefährlichen Hunden" und „gefährlichen Hunden, deren Gefährlichkeit mit einem Wesenstest widerlegt werden kann".

———

Darüber hinaus gibt es den sogenannten Wesenstest. Mit ihm müssen sich ausschließlich Halter von „Listenhunden" bzw. als aggressiv eingestuften Hunden auseinandersetzen. Unterschieden wird je nach Bundesland zwischen grundsätzlich „gefährlichen Hunden" und „gefährlichen Hunden, deren Gefährlichkeit mit einem Wesenstest widerlegt werden kann". Besteht ein Hund diesen Test nicht, kann die Haltung verboten werden. Besteht er ihn, heißt dies dennoch nicht, dass auf gewisse Auflagen wie Leinen- und Maulkorbzwang verzichtet werden kann. Je nach Sachverständigem variiert der Inhalt eines solchen Tests leicht.

Grundsätzlich besteht er aber aus einem theoretischen und einem praktischen Teil, in dem Hund und Halter in den verschiedensten Alltagssituationen begutachtet werden. Dazu zählt zum Beispiel, wie er auf vorbeifahrende Radfahrer oder eine an ihm vorbeigehende fremde Person reagiert, ob er beim Spielen seine „Beute" dem Halter zurückgibt und ob es grundsätzlich möglich ist, ihn gefahrenlos anzufassen.

Hilfe

Hilfreiche Links: A bis Z

Auslandsreisen mit Hund
Einreisebestimmungen für Hunde und Katzen inner- und außerhalb der EU:
www.tieraerzte-hamburg.de/reisebe stimmungen.html

Bahnfahrt mit Hund
Die Deutsche Bahn gibt Hinweise für die Mitnahme von Hunden:
www.bahn.de/p/view/angebot/zusatz ticket/hunde.shtml

Bundesverband der Tierbestatter
Landkarte mit deutschlandweiten Tier-friedhöfen:
www.tierbestatter-bundesverband.de

Deutscher Tierärzteverband
Die Ständige Impfkommission Veterinär-verband informiert unter anderem über die Impfung von Kleintieren. Darüber hinaus steht die Gebührenordnung für Tierärzte zum Download bereit und es werden Antworten zu tierärztlichen Abrechnung gegeben:
www.tieraerzteverband.de

Ernährungsberatung
Ernährungssprechstunde und Bedarfs-berechnungen durch Ernährungsberaterin Dr. Petra Kölle:
www.med.vetmed.uni-muenchen.de/ einrichtungen/ernaehrung

Erste Hilfe beim Hund
Webseite mit vielen Informationen zu Notfällen aller Art – von der Augenverletzung
bis zur Wiederbelebung:
www.erste-hilfe-beim-hund.de

Flugreisen mit Hund
Informationen der Lufthansa zur Beförde-
rung von Tieren im Flugzeug:
www.lufthansa.com/de/de/Tiere

Konditionen und Preise anderer wichtiger
Airlines finden sich auf:
**www.skyscanner.de/nachrichten/flie
gen-mit-haustieren**

Giftköder-Alarm
Deutschlandweite Giftköderwarnung
als App oder im Internet:
www.giftkoeder-radar.com

Giftnotruf
Telefon: 089 – 19240
www.toxinfo.med.tum.de/node/380

Hundeführerschein
Der Verband für das Deutsche Hundewesen informiert über den VDH-Hunde-
führerschein:
**www.vdh.de/hundesport/vdh-hunde
fuehrerschein**

Hundekekse selber backen
13 Rezepte für leckere selbstgemachte
Hundekekse:

**www.tierfreund.de/hundekekse-selber-
backen**

Hundesalon und Mode
Münchener Hundesalon von Childrik
Lennartz und Simone V.-Liewig:
www.hundesalon-und-mode.de

Hundesteuer in Deutschland
Datenbank mit zahlreichen Einträgen über
die Höhe der jeweiligen Hundesteuer:
www.tiervermittlung.de/hundesteuer

Hundewanderungen
Bunte Mischung aus Wanderungen für
Hund und Halter, von der Tagestour bis
zu mehrtägigen Wanderung innerhalb
Deutschlands oder im Ausland:
www.hundewandertouren.de

Medizinische Kleintierkliniken
Ludwig-Maximilians-Universität München, spezialisiert auf die Behandlung von
Hunden und Katzen. Die Gesundheitsvorsorge ist ein wichtiger Bestandteil – sie
beinhaltet unter anderem eine an das
jeweilige Tier angepasste Impfberatung:
www.med.vetmed.uni-muenchen.de

Weitere Kleintierkliniken:
FU Berlin: **www.vetmed.fu-berlin.de/ein
richtungen/kliniken/we20**
Uni Leipzig: **www.kleintierklinik.uni-leip
zig.de**

Uni Göttingen: www.tieraerztliches-in
stitut.uni-goettingen.de/home/Kleintier-
klinik.html
TiHo Hannover: www.tiho-hannover.de/
de/kliniken-institute/kliniken/klinik-fuer-
kleintiere/profil-und-struktur

Notfallmedizin
Onlineportal für die Suche von Tiernot-
diensten in ganz Deutschland:
www.tierklinik.de/notdienstsuche

Direkter Kontakt zu Dr. René Dörfelt,
Fachgebiet Intensiv- und Notfallmedizin
in der Medizinischen Kleintierklinik
München:
r.doerfelt@medizinische-kleintierkli
nik.de

Online-Versicherungsmakler
Die verschiedensten Tierversicherungen
im Überblick – inklusive Vergleichs-
rechner:
www.comfortplan.de/tierversicherung.
php

Sachkundenachweis
Auf der Webseite des DVG (Deutscher Verband der Gebrauchshundesportvereine)
können Sie ein Onlinequiz zur Begleithun-
deprüfung absolvieren:
www.dvg-hundesport.de

Stiftung Warentest
Die Homepage der Stiftung Warentest
mit Verbraucherinformationen und allen
Infos zu den im Buch erwähnten Test-
ergebnissen (z. B. Futtertests, Versiche-
rungsvergleiche):
www.test.de

Urlaub mit Hund
Große Auswahl an beliebten Reisezielen
mit Hund:
www.ferien-mit-hund.de

Urteile aus dem Hunderecht
Umfangreiche Sammlung aktueller
Urteile:
www.jurablogs.com/topic/hunderecht

**Verband der Tierheilpraktiker
Deutschlands e. V.**
Umfangreiche Liste ausgebildeter Tierheilpraktiker inklusive deren Therapieformen:
www.thp-verband.de

Tierfriedhöfe in Deutschland
Nach Postleitzahlen geordnete Liste von
Tierfriedhöfen:
www.animals-digital.de/tiere/tierfried
hof

Virtuelle Tierfriedhöfe
Letzte Ruhestätte für Tiere im Internet:
www.virtueller-tierfriedhof.de/
www.rosengarten-sterne.de/gedenksei
ten/

Literaturtipps

Dr. Julia Fritz
Hunde barfen:
Alles über Rohfütterung
Verlag Eugen Ulmer, 2015

Dr. Natalie Dillitzer
Tierärztliche Ernährungsberatung
Urban & Fischer Verlag, 2012

Jürgen Zentek
Hunde richtig füttern
Verlag Eugen Ulmer, 2012

Kirsten Wolf
Die besten Hundespiele
Gräfe & Unzer Verlag, 2014

Irmgard Dege-Neumann
Handbuch Hundepflege
Oertel & Spörer, 2009

Heidi Kübler
Quickfinder Hundekrankheiten
Gräfe und Unzer Verlag, 2009

Renate Albrecht
Schmerzen beim Hund
Müller Rüschlikon, 2015

Christine Steinke-Beck
Hunde natürlich heilen
Verlag Eugen Ulmer, 2012

Elke Fischer
Erste Hilfe für meinen Hund
Gräfe und Unzer Verlag, 2013

Andrea Obele
Wandern mit Hund
(Chiemgau – Berchtesgarden)
Bergverlag Rother, 2014

Michael Reimer
Die schönsten Wanderungen mit
Hunden (Oberbayern)
Frischluft-Edition, 2011

Holger Wetzel
Fred & Otto unterwegs an
der Ostsee
Fred & Otto – Der Hundeverlag, 2015
Info: Es gibt die Reihe für viele weitere
Regionen (z. B. Nordsee, Brandenburg,
Sächsische Schweiz)

Verena Rottmann
Rechtsratgeber für Hundezüchter
Kynos Verlag, 2010

Stichwortverzeichnis

© 2017 Stiftung Warentest, Berlin

Stiftung Warentest
Lützowplatz 11–13
10785 Berlin
Telefon 0 30/26 31–0
Fax 0 30/26 31–25 25
www.test.de
email@stiftung-warentest.de

USt-IdNr.: DE136725570

Vorstand: Hubertus Primus
Weitere Mitglieder der Geschäftsleitung:
Dr. Holger Brackemann, Daniel Gläser

Programmleitung: Niclas Dewitz

Autor: Thomas Brodmann
Projektleitung: Uwe Meilahn
Lektorat: Florian Ringwald
Mitarbeit: Veronika Schuster
Korrektorat: Thomas Wieke, Berlin
Fachliche Beratung: Frank Paupitz, Berlin
Titelentwurf: Josefine Rank, Berlin
Layout: Büro Brendel, Berlin

Grafik, Satz: Sylvia Heisler
Illustrationen: Mario Mensch, Hamburg
(S. 26, 90, 129)
Bildredaktion: Sylvia Heisler
Bildnachweis: Getty images/CountryStyle Photo-
graphy (Titel); Thomas Brodmann (S. 12, 20, 30,
46, 50, 53, 55, 58, 68, 69, 71, 73, 74, 85, 94, 96,
106, 108, 109, 116, 119, 136, 140); Imago (S. 23,
39, 51, 114, 125, 133 /Hundepension McDog in
Köln), istock (S. 4, 18, 42, 47, 56, 76, 110, 142,
139); shutterstock (S. 5, 10, 16, 33, 41, 52, 99,
112, 134, 148); thinkstock (S. 4, 5, 13, 29, 37, 45,
57, 60, 63, 64, 67, 100, 132); Finanztest/Réné
Reichelt (S. 4, 147).

Produktion: Vera Göring
Verlagsherstellung: Rita Brosius (Ltg.),
Susanne Beeh
Litho: tiff.any, Berlin
Druck: Rasch Druckerei und Verlag GmbH & Co.
KG, Bramsche

ISBN: 978-3-86851-454-4

Wir haben für dieses Buch 100 % Recyclingpapier
und mineralölfreie Druckfarben verwendet.
Stiftung Warentest druckt ausschließlich in
Deutschland, weil hier hohe Umweltstandards
gelten und kurze Transportwege für geringe
CO_2-Emissionen sorgen. Auch die Weiterver-
beitung erfolgt ausschließlich in Deutschland.